普通高等院校“十三五”规划实验教材

材料物理实验教程

主　编　陈木青　戴　伟
副主编　李　杰　陶军晖
参　编（按姓氏笔画排列）
艾　敏　祁红艳　李　睿
汪川惠　陈欣琦　靳海芹

华中科技大学出版社
中国·武汉

内 容 简 介

本书是材料物理专业实验课程的教材。全书主要内容包括：基本实验操作技术，粉体材料、薄膜材料、块体材料等的制备、提纯和分析鉴定，磁性、压电、铁电、光电等性质的分析。

本书可供高等院校化学、材料、环境、冶金、轻工等专业的师生及实验室人员使用。

图书在版编目(CIP)数据

材料物理实验教程/陈木青，戴伟主编. —武汉：华中科技大学出版社，2018.2（2024.7重印）
普通高等院校"十三五"规划实验教材
ISBN 978-7-5680-3654-2

Ⅰ.①材… Ⅱ.①陈… ②戴… Ⅲ.①材料科学-物理学-实验-高等学校-教材 Ⅳ.①TB303-33

中国版本图书馆 CIP 数据核字(2018)第 029514 号

材料物理实验教程
Cailiao Wuli Shiyan Jiaocheng

陈木青 戴 伟 主编

策划编辑：汪 富
责任编辑：吴 晗
封面设计：刘 卉
责任校对：刘 竣
责任监印：周治超
出版发行：华中科技大学出版社（中国·武汉） 电话：(027)81321913
武汉市东湖新技术开发区华工科技园 邮编：430223
录 排：武汉楚海文化传播有限公司
印 刷：武汉邮科印务有限公司
开 本：787mm×1092mm 1/16
印 张：5.5
字 数：136 千字
版 次：2024 年 7 月第 1 版第 4 次印刷
定 价：28.00 元

普通高等院校“十三五”规划实验教材

前　言

“材料物理”是一门实验性较强的课程，实验教学是其教学环节的重要组成部分。在本课程教学实验中，学生借助仪器、试剂等实现材料的合成、改性、表征，从而理解材料结构和性质等的相互联系，加深对材料和物理领域基本理论的理解，掌握碳材料、磁性材料、杂化材料、陶瓷材料、光电活性材料等的基本性质，了解其一般制备、提纯和分析方法。重要的是，通过实验课，学生可以学习材料制备的基本操作，培养搜索科研文献和查阅文献的能力，以及设计实验方案的能力。

本书是针对材料物理专业的要求而编写的，可作为化工、材料及环境工程等专业的实验教材。本书在编写过程中注重以下几点：

(1)虽然材料物理专业实验与化学、物理等实验有密切的关系，但它是一门独立的实验课程。本书根据该课程的特点编写而成，可作为材料物理实验课教材独立使用。

(2)根据本专业科学实验的需要安排教学实验，而不以学科分割。

(3)为培养学生严谨的科学态度，对实验要求给出定量数据，以及数值的偏差等；注重实验内容和目前研究热点相结合，同时注重计算机在材料相关研究中的应用，鼓励开展自主创新性实验的设计。

(4)突出学生动手实践操作的重要性。基本仪器、基本操作技术作为基础知识被编排在第1章。

(5)全书采用法定计量单位。

本书由陈木青、戴伟任主编，李杰、陶军晖任副主编。参加本书编写工作的还有汪川惠、祁红艳、艾敏、陈欣琦、靳海芹等。肖明院长对本书的编写给予了热情支持，在此表示感谢。在本书的编写过程中，参考了国内外相关实验教材和专著，从中得到不少有益的启发，在此对相关教材和专著的作者一并表示感谢。

编　者

2017年10月于湖北第二师范学院

目　录

绪　论

引　论

1. 实验安全规范

1)实验室安全要求

(1)熟悉实验室水阀、电闸的位置。

(2)用完电加热设备,应立即关闭开关,关闭电源。

(3)使用电器设备时,不要用湿手接触插座,以防触电。

(4)严禁在实验室内饮食。

(5)实验完毕,将仪器洗净,把实验桌面整理好。洗净手后,离开实验室。

(6)值日生负责实验室的清理工作,离开实验室时检查水阀、电闸是否关好。

2)易燃、具腐蚀性药品及毒品的使用规则

(1)浓酸和浓碱等具有强腐蚀性的药品,不要洒在皮肤或衣物上。

(2)不允许在不了解化学药品性质时,将药品任意混合,以免发生意外。

(3)使用易燃、易爆化学品,例如氢气、强氧化剂(如氯酸钾)时,要首先了解它们的性质,使用中应注意安全。

(4)有机溶剂(如苯、丙酮、乙醚)易燃,使用时要远离火焰。

(5)制备有刺激性的、恶臭的、有毒的气体(如 H_2S、Cl_2、CO、SO_2 等),加热或蒸发盐酸、硝酸、硫酸时,应该在通风橱内进行。

(6)氰化物、砷盐、锑盐、可溶性汞盐、铬的化合物、镉的化合物等都有毒,不得进入口内或接触伤口。

3)实验室中一般伤害的救护

(1)割伤:先挑出伤口的异物,然后用红药水、紫药水等药物进行处理。

(2)烫伤:涂抹烫伤药(如万花油),不要把烫出的水泡挑破。

(3)酸伤:先用大量的水冲洗,再用饱和碳酸氢钠溶液或稀氨水冲洗,最后再用水冲洗。

(4)碱伤:先用大量的水冲洗,再用醋酸溶液($20\ g \cdot L^{-1}$)或硼酸溶液冲洗,最后用水冲洗。

(5)吸入了溴蒸气、氯气、氯化氢气体,可吸入少量酒精和乙醚混合蒸气。

4)灭火常识

物质燃烧需要空气和一定的温度,所以通过降温或者将燃烧的物质与空气隔绝,便能达到灭火的目的。具体可采取以下措施。

(1)停止加热和切断电源,避免引燃电线,把易燃、易爆的物质移至远处。

(2)用湿布、石棉布、沙土灭火。

(3)要学会正确使用灭火器。

小火用湿布、石棉布覆盖在着火的物体上便可扑灭火焰;钠、钾等金属着火,通常用干燥的细沙覆盖,严禁使用某些灭火器如 CCl_4 灭火器,因 CCl_4 和钾、钠等发生剧烈反应,会强烈分解,甚至爆炸。

5)实验规则

(1)实验前认真预习,明确实验目的和要求,了解实验的基本原理、方法、步骤,写好预习报告。

(2)实验中认真观察、记录现象,按照要求进行操作,保持实验室的安静。

(3)遵守实验室的各项制度,爱护仪器,节约药品、水、电。

(4)听从教师和实验室工作人员的指导。

(5)实验完毕,做好实验室的整理工作,及时完成实验报告。

2. 玻璃仪器的洗涤

玻璃仪器的洗涤方法概括起来有下面几种。

(1)用水刷洗:可以洗去可溶性物质,又可使附着在仪器上的尘土等脱落下来。

(2)用去污粉或合成洗涤剂刷洗:能除去仪器上的油污。

(3)用浓盐酸洗:可以洗去附着在器壁上的氧化剂,如二氧化锰。

(4)铬酸洗液:将 8 g 研细的工业 $K_2Cr_2O_7$ 加入到温热的 100 mL 浓硫酸中小火加热,切勿加热到冒白烟。边加热边搅动,冷却后储存于细口瓶中。洗涤方法:

①先将玻璃仪器用水或洗衣粉洗刷一遍。

②尽量把仪器内的水去掉,以免冲稀洗液。

③将铬酸洗液倒入玻璃仪器中进行洗涤,用毕将洗液倒回原瓶内,以便重复使用。

洗液有强腐蚀性,勿溅在衣物、皮肤上。铬酸洗液有强酸性和强氧化性,去污能力强,适用于洗涤油污及有机物。当洗液颜色变成绿色时,洗涤效能下降(高价铬离子被还原),应重新配制洗液。

(5)含 $KMnO_4$ 的 NaOH 水溶液:将 10 g $KMnO_4$ 溶于少量水中,向该溶液中注入 100 mL 10%NaOH 溶液即成。该溶液适用于洗涤油污及有机物。洗后在玻璃器皿上留下 MnO_2 沉淀,可用浓 HCl 或 Na_2SO_3 溶液将其洗掉。

(6)盐酸-酒精(1∶2)洗涤液:适用于洗涤被有机试剂染色的比色皿。比色皿应避免使用毛刷和铬酸洗液洗涤。

洗净的仪器器壁应能被水润湿,无水珠附着在上面。

用以上方法洗涤后的仪器,经自来水冲洗后,还残留有 Ca^{2+}、Mg^{2+} 等离子,如需除掉这些离子,还应用去离子水洗 2~3 次。

3. 化学试剂的取用

1)固态试剂的取用

固态试剂一般都用药匙取用。药匙的两端为大小两个匙,分别取用大量固体和少量固体。试剂一旦取出,就不能再倒回瓶内,可将多余的试剂放入指定容器。

2)液态试剂的取用

液态试剂一般用量筒量取或用滴管吸取。下面分别介绍它们的操作方法。

(1)量筒量取。量筒有 5 mL、10 mL、50 mL、100 mL 和 1000 mL 等规格。取液时,先取下瓶塞并将它放在桌上。一手拿量筒,一手拿试剂瓶(注意别让瓶上的标签朝下),然后倒出所需量取的试剂。最后斜瓶口在量筒上靠一下,再使试剂瓶竖直,以免留在瓶口的液滴流到瓶的外壁。

(2)滴管吸取。先用手指紧捏滴管上部的橡皮头,赶走其中的空气,然后松开手指,吸入试液。将试液滴入试管等容器时,不得将滴管插入容器。滴管只能专用,用完后放回原处。一般的滴管一次可取 1 mL,约 20 滴试液。如果需要更准确地量取液态试剂,可使用滴定管和移液管等。

4. 加热方法

1)酒精灯加热

酒精易燃,使用时注意安全,不要用另外一个燃着的酒精灯来点火,否则会把灯内的酒精洒在外面,使大量酒精着火引起事故。酒精灯不用时,盖上盖子,使火焰熄灭,不要用嘴吹灭。盖子要盖严,以免酒精挥发。当需要往灯内添加酒精时,应把火焰熄灭,然后借助漏斗把酒精加入灯内,加入酒精量为 1/2～1/3 壶。

2)酒精喷灯加热

酒精喷灯如图 0-1 所示,其使用方法如下。

①添加分析型乙醇,加酒精时关好下口开关,灯内贮酒精量不能超过酒精壶的 2/3。

②预热:在引火碗中加少量酒精点燃,预热后有酒精蒸汽逸出,便可将灯点燃。若无蒸汽,用探针疏通酒精蒸汽出口后,再预热,点燃。

③调节:旋转空气调节棒调节火焰。

④熄灭:可盖灭,也可旋转空气调节棒熄灭。

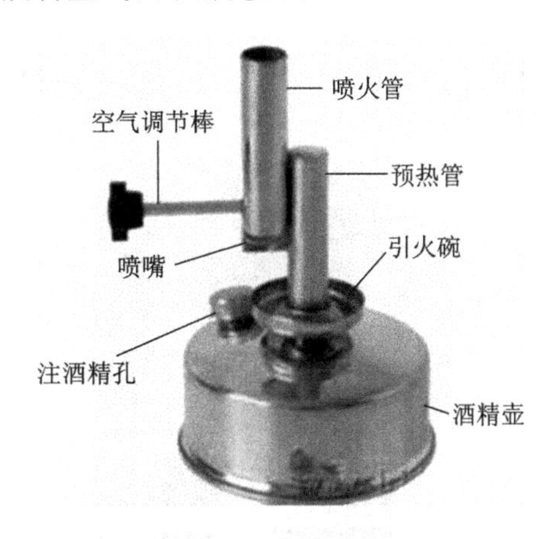

图 0-1　酒精喷灯

3)水浴加热

水浴的要求是不断往水浴锅中补充水(由于热水的挥发性),来保持水量占水浴锅总容量 2/3 左右。当要求被加热的物质受热均匀，而温度不超过 100 ℃时，先把水浴中的水煮沸，用水蒸气来加热。当不慎把水浴锅中的水烧干时，应立即停止加热，等水浴锅冷却后，再加水继续使用。在用水浴加热试管、离心管中的液体时，常用的是 250 mL 烧杯，内盛蒸馏水(或去离子水)，将水加热至沸。

4)油浴加热

当要求被加热的物质受热均匀，温度又需高于 100 ℃时，可选用油浴加热。用油代替水浴中的水，即为油浴。注意油浴的加热温度限制；注意加入的硅油是否黏稠变质，周期性更换新油。油浴的加热温度不宜高于 200 ℃，不宜过长时间加热。为安全起见，在实验过程中，需要实验人员在场观察。

5)电热套或盐浴加热

当加热温度要求高于 200 ℃时，可以使用电热套或盐浴加热。盐浴加热是在铁容器内装入食盐，在反应前，将烧瓶放置在食盐上，稍微没入部分，然后打开电源开始加热。若要测量盐的温度，可把温度计插入食盐中。高温加热装置中，电热套(图 0-2)、管式炉(图0-3)和马弗炉(图 0-4)等设备在实验室中也经常用到。通常，管式炉和马弗炉都可加热到1000 ℃左右。

图 0-2 电热套

图 0-3 管式炉

图 0-4 马弗炉

5. 气体钢瓶

在实验室还可以使用气体钢瓶直接获得各种气体。

气体钢瓶是储存压缩气体的特制的耐压钢瓶。使用时，通过减压阀（气压表）有控制地放出气体。由于钢瓶的内压很大（有的高达 15 MPa），而且有些气体易燃或有毒，所以在使用钢瓶时要注意安全。

使用钢瓶的注意事项：

（1）钢瓶应存放在阴凉、干燥、远离热源（如阳光、暖气、炉火）处。可燃性气体钢瓶必须与氧气钢瓶分开存放。

（2）绝不可使油或其他易燃性有机物沾在气瓶上（特别是气门嘴和减压阀处）。也不得用棉、麻等物堵漏，以防燃烧引起事故。

（3）使用钢瓶中的气体时，要用减压阀（气压表）。各种气体的气压表不得混用，以防爆炸。

（4）不可将钢瓶内的气体全部用完，一定要保留 0.05 MPa 以上的残留压力（减压阀表压）。可燃性气体如 C_2H_2 应剩余 0.2～0.3 MPa。

（5）为了避免各种气瓶混淆而用错气体，通常在气瓶外面涂以特定的颜色以便区别，并在瓶身上写明瓶内气体的名称。表 0-1 为我国气瓶常用的颜色标记。

表 0-1　我国气瓶常用颜色标记

气体类别	瓶身颜色	标字颜色	气体类别	瓶身颜色	标字颜色
氮气	黑色	黄色	氨气	黄色	黑色
氧气	天蓝色	黑色	二氧化碳	黑色	黄色
空气	黑色	白色	乙炔	白色	红色

6. 气体的干燥和净化

通常制得的气体都带有酸雾和水汽，使用时要先净化和干燥。酸雾可用水或玻璃棉除去；水汽可用浓硫酸、无水氯化钙或硅胶吸收。一般情况下使用洗气瓶（图 0-5）、干燥塔（图 0-6）或 U 形管等设备进行净化。液体（如水、浓硫酸）装在洗气瓶内，无水氯化钙、玻璃棉和硅胶装在干燥塔或 U 形管内。气体中如还有其他杂质，则应根据具体情况分别用不同的洗涤液或固体吸收。

图 0-5　洗气瓶

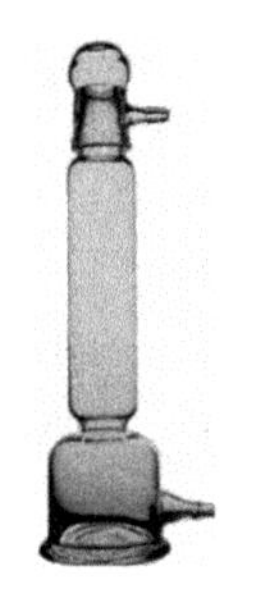

图 0-6　干燥塔

7. 气体的收集

(1)在水中溶解度很小的气体(如氢气、氧气),可用排水集气法收集。

(2)易溶于水而比空气轻的气体(如氨),注意使用合适的排气集气法收集。

(3)易溶于水而比空气重的气体(如氯气和二氧化碳),用排气集气法收集。

8. 溶液与沉淀的分离

溶液与沉淀的分离方法有 3 种:倾析法、过滤法和离心分离法。

1)倾析法

当沉淀的密度较大或结晶的颗粒较大,静置后能沉降至容器底部时,可用倾析法进行沉淀的分离和洗涤。

具体做法是把沉淀上部的溶液倾入另一容器内,然后往盛着沉淀的容器内加入少量洗涤液,充分搅拌后,沉降,倾去洗涤液。如此重复操作 3 遍以上,即可把沉淀洗净,使沉淀与溶液分离。

2)过滤法

分离溶液与沉淀最常用的操作方法是过滤法。过滤时沉淀留在过滤器上,溶液通过过滤器而进入容器中,所得溶液称为滤液。过滤法共有 3 种:常压过滤、减压过滤和热过滤。

(1)常压过滤。此法最为简便和常用,使用孔隙最大的玻璃漏斗(图 0-7)。过滤时,把圆形滤纸或四方滤纸折叠成 4 层。然后将滤纸撕去一角,放在漏斗中。滤纸的边缘应略低于漏斗的边缘。用水润湿滤纸,并使它紧贴在玻璃漏斗的内壁上。这时如果滤纸和漏斗壁之间仍有气泡,应该用手指轻压滤纸,把气泡赶掉,然后向漏斗中加蒸馏水至几乎达到滤纸边。这时漏斗颈应全部被水充满,而且当滤纸上的水已全部流尽后,漏斗颈中的水柱仍能保留。如形不成水柱,可以用手指堵住漏斗下口,稍稍掀起滤纸的一边,向滤纸和漏斗间加水,直到

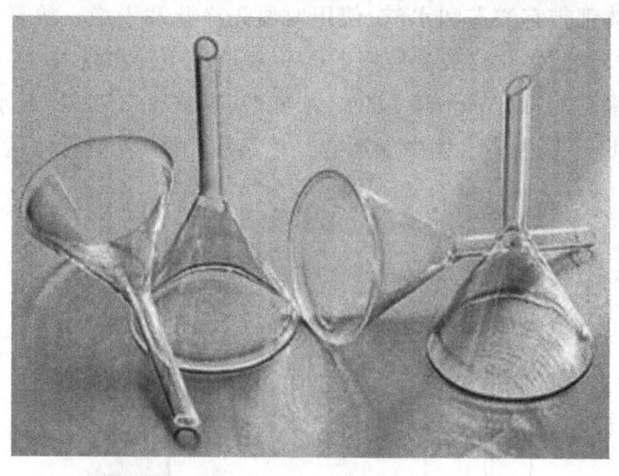

图 0-7　普通玻璃漏斗

漏斗颈及锥体的大部分全被水充满，并且颈内气泡完全排出。然后把纸边按紧，再放开下面堵住出口的手指，此时水柱即可形成。在全部过滤过程中，漏斗颈必须一直被液体所充满，这样过滤才能迅速。

过滤时应注意以下几点：调整漏斗架的高度，使漏斗末端紧靠接收器内壁。先倾倒溶液，后转移沉淀，转移时应使用搅棒。倾倒溶液时，应使搅棒指向3层滤纸处。漏斗中的液面高度应低于滤纸高度的2/3。如果沉淀需要洗涤，应待溶液转移完毕，用少量洗涤剂倒入沉淀，然后用搅棒充分搅动，静止放置一段时间，待沉淀下沉后，将上方清液倒入漏斗，如此重复洗涤2～3遍，最后把沉淀转移到滤纸上。

(2)减压过滤。此法可加速过滤，并使沉淀抽吸得较干净，但不宜过滤胶状沉淀和颗粒太小的沉淀，因为胶状沉淀易穿透滤纸，颗粒太小的沉淀易在滤纸上形成一层密实的沉淀，溶液不易透过。装置如图0-8所示，循环水真空泵使抽滤瓶内减压，由于瓶内与布氏漏斗液面上形成压力差，因而加快了过滤速度。安装时应注意使漏斗的斜口与抽滤瓶的支管相对。布氏漏斗上有许多小孔，滤纸应剪成比漏斗的内径略小，但又能把瓷孔全部盖没的大小。用少量水润湿滤纸，开泵，减压使滤纸与漏斗贴紧，然后开始过滤。当停止抽滤时，需先拔掉连接抽滤瓶和泵的橡皮管，再关泵，以防倒吸。为了防止倒吸，一般在抽滤瓶和泵之间，装上一个安全瓶。

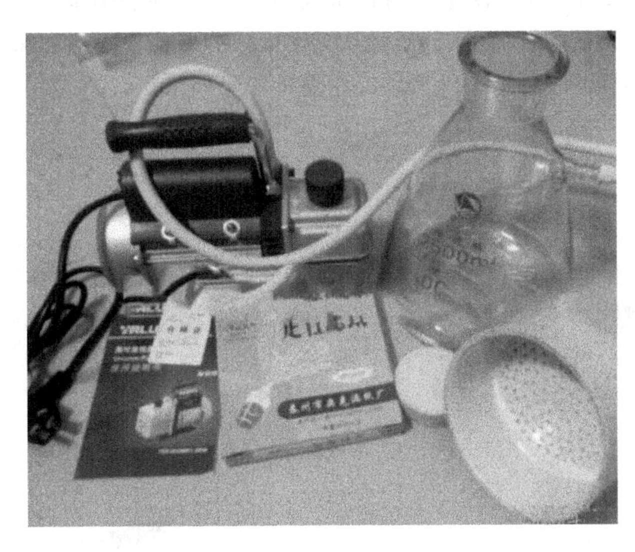

图0-8　布氏漏斗抽滤装置

(3)热过滤。为保证滤纸与漏斗密合，第二次对折时先不要折死，把滤纸展开成锥形，用食指把滤纸按在玻璃漏斗(漏斗应干净而且干燥)的内壁上，稍微改变滤纸的折叠程度，直到滤纸与漏斗密合为止，此时可把第二次折边折死。某些物质在溶液温度降低时，易结晶析出，为了滤除这类溶液中所含的其他难溶性杂质，通常使用热滤漏斗进行过滤，防止溶质结晶析出。过滤时，把玻璃漏斗放在铜质的热滤漏斗内，热滤漏斗内装有热水以维持溶液的温度。

3)离心分离法

当被分离的沉淀的量很小时，可把沉淀和溶液放在离心管内，放入电动离心机中进行离心分离。使用离心机时，将盛有沉淀的离心试管放入离心机的试管套内，在与之相对称的另一试管套内也放入盛有相等体积水的试管，然后缓慢启动离心机，逐渐加速。停止离心时，应让离心机自然停止。

9. 实验室常用称量仪器

1)台秤

台秤(图 0-9)用于精度不高的称量，一般只能精确到 0.1 g。称量前，首先调节托盘下面的螺旋，让指针在刻度板中心附近等距离摆动，即调零。称量时，左盘放称量物，右盘放砝码(10 g 或 5 g 以下是通过移动游码添加的)，增减砝码，使指针也在刻度板中心附近摆动，砝码的总质量就是称量物的质量。称量时应注意以下问题：

①不能称量热的物体；

②称量物不能直接放在托盘上，依情况将其放在纸上，表面皿中或容器内；

③称量完毕，一切复原。

2)电子分析天平

电子分析天平(图 0-10)为较先进的称量仪器，此类天平操作简便。将天平开启，调零后，可将被称物放于天平称量盘上，其质量从天平面板的屏幕上显示出来。这类天平还可与计算机连接进行数据处理，可方便地获得高精度的称量结果。

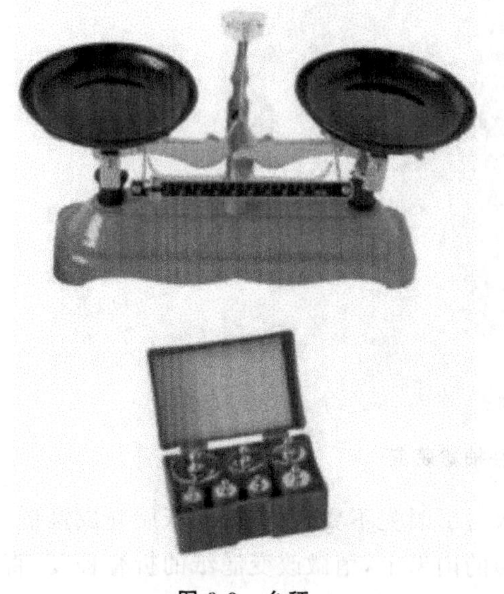

图 0-9 台秤

图 0-10 电子分析天平

10. 误差与偏差

1)准确度与精密度

绝对准确的实验结果是无法得到的。准确度表示实验结果与真实值接近的程度。精密度表示在相同条件下，对同一样品平行测定几次，各次分析结果相互接近的程度。如果几次测定结果数值比较接近，说明测定结果的精密度高。精密度高不一定准确度高。例如甲、乙、丙 3 人，同时分析测定一瓶盐酸溶液的浓度(应为 0.1108)，测定 3 次的结果如表 0-2 所示。

表 0-2 盐酸溶液的测定结果

	甲	乙	丙
平均值	0.1122	0.1121	0.1106
真实值	0.1108	0.1108	0.1108
差值	0.0014	0.0013	0.0002
精密度	高	低	高
准确度	低	低	高

从表 0-2 可以看出，精密度高不一定准确度高，而准确度高一定要精密度高，否则，测得的数据相差很多，根本不可信。由于实际上真实值不知道，通常是进行多次平行分析，求得其算术平均值，以此作为真实值，或者以公认的手册上的数据作为真实值。

2)误差与偏差

误差(E)表示准确度的高低。

$$E=\text{测定值}-\text{真实值}$$

当测定值大于真实值时，误差为正值，表示测定结果偏高；反之，误差为负值，表示测定结果偏低。误差可用绝对误差和相对误差来表示。绝对误差表示测定值与真实值之差，相对误差是指误差在真实值中所占的百分数。例如，上述丙测定盐酸的误差为：

$$\text{绝对误差}=0.1106-0.1108=-0.0002$$

$$\text{相对误差}=0.02\%$$

偏差用来衡量所得分析结果的精密度。单次测定结果的偏差($d=x-x'$)，用该测定值(x)与其算术平均值(x')之间的差来表示。偏差通常分为绝对偏差和相对偏差。绝对偏差是指某一次测量值与平均值的差异。相对偏差是指某一次测量的绝对偏差占平均值的百分数。平均偏差是指单项测定值与平均值的偏差(取绝对值)之和，除以测定次数所得的结果。分析结果的精密度，可用平均偏差和相对平均偏差表示。

11. 有效数字

1)有效数字的概念

实验中，我们使用的仪器所标出的刻度的精确程度总是有限的。例如 50 mL 量筒，最小刻度为 1 mL，在两刻度间可再估计一位，所以，实际测量能读到 0.1 mL。如 34.5 mL 等。若为 50 mL 滴定管，最小刻度为 0.1 mL，再估计一位，可读至 0.01 mL。如 24.78 mL 等。总之，在 34.5 mL 与 24.78 mL 这两个数字中，最后一位是估计出来的，是不准确的。通常把只保留最后一位不准确数字,而其余数字均为准确数字的这种数字称为有效数字。也就是说,有效数字是实际上能测出的数字。由上述可知,有效数字与数学上的数有着不同的含义。数学上的数只表示大小,有效数字则不仅表示量的大小,而且反映了所用仪器的准确程度。例如,“取 6.5 g NaCl”,这不仅说明 NaCl 质量为 6.5 g,而且表明用感量 0.1 g 的台秤称就可以了,若是“取 6.5000 g NaCl”,则表明一定要在分析天平上称取。

(1)0 在数字前,仅起定位作用,0 本身不是有效数字,如 0.0275 中,数字 2 前面的两个 0 都不是有效数字,这个数的有效数字只有 3 位。

(2)0 在数字中,是有效数字。如 2.0065 中的两个 0 都是有效数字,2.0065 有 5 位有效数字。

(3)0 在小数的数字后,也是有效数字,如 6.5000 中的 3 个 0 都是有效数字。0.0030 中数字 3 前面的 3 个 0 不是有效数字,3 后面的 0 是有效数字。所以,6.5000 有 5 位有效数字,0.0030 有 2 位有效数字。

(4)以 0 结尾的正整数,有效数字的位数不定。如 54000,可能是 2 位、3 位或 4 位甚至 5 位有效数字。这种数应根据有效数字的情况改写为指数形式。如为 2 位,则写成 5.4×10^4;如为 3 位,则写成 5.40×10^4。总之,要能正确判别并书写有效数字。下面列出了一些数字,并指出了它们的有效数字位数:

7.4000　54609　5 位有效数字

33.15　0.07020%　4 位有效数字

0.0276　2.56×10^{-10}　3 位有效数字

49　0.00040　2 位有效数字

0.003　4×10^5　1 位有效数字

63000　200　有效数字位数不定

2)有效数字的运算规则

(1)加法和减法。在计算几个数字相加或相减时,所得和或差的有效数字的位数,应以小数点后位数最少的数为准。如将 3.0116、31.24 及 0.157 相加(不确定数以“?”标出):

```
  3.011[6]
        ?
 31.2[4]
      ?
  0.15[7]
       ?
---------
 34.4[0][8][6]
```

可见,小数点后位数最小的数 31.24 中的 4 已是不确定数字,相加后使得 34.4086 中的 0 也为不确定数字,所以,再多保留几位已无意义,也不符合有效数字只保留一位不确定数字的原则,这样相加后,结果应是 34.41。以上为了看清加减后应保留的位数,而采用了先运算后取舍的方法,一般情况下可先取舍后运算,即

```
  3.01
 31.24
  0.15
------
 34.40
```

(2)乘法与除法。在计算几个数相乘或相除时,其积或商的有效数字位数应以有效数字位数最少的为准。如 1.012 与 12 相乘:

$$
\begin{array}{r}
1.01\underset{?}{\boxed{2}} \\
1\underset{?}{\boxed{2}} \\
\hline
\underset{?}{\boxed{2}}\underset{?}{\boxed{0}}\underset{?}{\boxed{2}}\underset{?}{\boxed{4}} \\
101\underset{?}{\boxed{2}} \\
\hline
1\underset{?}{\boxed{2}}.\underset{?}{\boxed{1}}\underset{?}{\boxed{4}}\underset{?}{\boxed{4}}
\end{array}
$$

显然，由于 12 中的 2 是不确定的，使得积 12.144 中的 2 也可疑，所以保留两位即可，结果就是 12。同加减法一样，上述计算也可先取舍后再运算，即

$$
\begin{array}{rr}
1.012 \longrightarrow & 1.0 \\
12 \longrightarrow & 12 \\
\hline
 & 20 \\
 & 10 \\
\hline
 & 12.0 \longrightarrow 12
\end{array}
$$

(3)首位数大于 7 的数有效数字的确定。对于第一位的数值大于 7 的数，则有效数字的总位数可多算一位。例如 8.78，虽然只有 3 位数字，但第一位的数大于 7，所以运算时可看作 4 位。

第一章
基本实验操作技术

实验1　分析天平称量练习

1. 实验目的

（1）学习分析天平的使用方法。

（2）初步练习药品的称量。

2. 实验内容

（1）将两个洗净且干燥的瓷坩埚，先在台秤上粗称其质量，然后在分析天平上准确称出其质量，设为M_1、M_2。

（2）取一洁净干燥的称量瓶，先在台秤上粗称其质量，然后在瓶中加入约1 g $CuSO_4 \cdot 5H_2O$固体，再在分析天平上精确称量，记下质量m_1，倒出0.3 g $CuSO_4 \cdot 5H_2O$于第一个瓷坩埚中，称出剩余质量m_2；以同样的方法再倒出0.4 g $CuSO_4 \cdot 5H_2O$于第二个瓷坩埚中，称量剩余质量m_3。

（3）再分别称量两个已装有样品的瓷坩埚的质量，记录为M_3、M_4。

3. 数据处理

计算称量瓶质量的两次减量，即m_1-m_2、m_2-m_3，与倒入两个瓷坩埚中的$CuSO_4 \cdot 5H_2O$的质量，即M_3-M_1、M_4-M_2之间的偏差。

4. 思考题

（1）什么是天平的零点？如何测定？

（2）什么是天平的停点？如何测定？

（3）加砝码或环码及取放物品时，是否需要休止天平？

（4）称量时，在加减砝码或环码的过程中，若标尺向负方向偏移，应加还是减砝码或环码？若标尺向正方向偏移呢？

（5）如何根据砝码或环码的质量和测得的零点、停点数值计算称量物的质量？

实验 2　溶液的配制

1. 概述

根据溶液所含溶质是否确知，溶液可分为两种：一种是浓度确知的溶液，称为标准溶液，这种溶液的浓度可准确表示出来（有效位数一般为 4 位或 4 位以上）；另一种浓度不是确知的，称为一般溶液，这种溶液的浓度一般用 1～2 位有效数字表示出来。这两种溶液适用于不同要求的实验，如在定量测定实验中，需要配制标准溶液，在一般物质化学性质实验中，则使用一般溶液即可。这两种溶液的配制方法不同，下面简单说明它们的配制方法。

2. 标准溶液的配制

(1)直接法：用分析天平准确称取一定量基准物质，溶解后配成一定体积（溶液的体积需用量瓶精确确定）的溶液，根据物质的质量和溶液体积，即可计算出该标准溶液的准确浓度。在直接法中必须要用基准物质配制，基准物质必须符合以下要求。

①物质的组成与化学式相符；若含结晶水，例如 $H_2C_2O_4 \cdot 2H_2O$ 等，其结晶水的含量也应与化学式相符。

②试剂应稳定、纯净，要使用分析纯以上的试剂。

③基准物参加反应时，应按反应式定量进行。

另外，基准物质最好有较大的摩尔质量，这样，配制一定浓度的标准溶液时，称取基准物较多，称量相对误差较小。常用的基准物质有草酸、氯化钠、无水碳酸钠、重铬酸钾等。

(2)标定法：有很多物质（如 NaOH、HCl 等）不是基准物质，不能用来直接配制标准溶液，可按照一般溶液的配制方法配成大致所需浓度的溶液，然后再用另一种标准溶液测出它的准确浓度，这个过程称为标定，这种配制标准溶液的方法称为标定法。

实验中有时也用稀释方法，将浓的标准溶液稀释为稀的标准溶液。具体做法为：准确量取（通过移液管或滴定管）一定体积的浓溶液，放入适当的容量瓶中，用去离子水稀释到刻度，即得到所需的标准溶液。

3. 一般溶液的配制

在配制一般溶液时，用台秤称取所需的固体物质的量，用量筒量取所需液体的量。不必使用量测准确度高的仪器。

4. 溶液浓度常用的几种表示方法

(1)物质的量浓度（或简称物质的浓度）。某物质的物质的量浓度为某物质的物质的量除以混合物的体积。符号为 c_B 或 $c(B)$，B 指某物质。c_B 的单位为 $mol \cdot m^{-3}$，常用单位为 $mol \cdot L^{-1}$。

（2）质量分数。某物质的质量分数是某物质的质量与混合物的质量之比，无量纲。符号为 w_B，下角标写明具体物质的符号。如：HCl 的质量分数为 10，表示为 $w_{HCl}=10\%$。

（3）质量浓度。符号为 ρ，用下角标写明具体物质的符号，如物质 B 的质量浓度表示为 ρ_B。它的定义是物质 B 的质量除以混合物的体积，单位为 $kg \cdot L^{-1}$。

5. 实验内容

（1）配制一般溶液和标准溶液。

（2）巩固分析天平操作，练习减量法称量操作。量取配制 50 mL 2 $mol \cdot L^{-1}$ H_2SO_4 溶液所需要的浓 H_2SO_4 和水的用量。用量筒量取所需的去离子水加到烧杯中，再量取所需的浓 H_2SO_4，然后将浓 H_2SO_4 缓慢地加到水中，并不断搅拌（注意浓 H_2SO_4 稀释过程中有无热放出）。配成后倒入回收瓶。

（3）量器的相互校正。将一个 250 mL 容量瓶和一支 25 mL 移液管洗净晾干，用移液管量取去离子水 10 次，注入容量瓶中，观察液面相切处是否与标线相合，如不一致，另作一标记。经相对校正后，移液管和容量瓶应配套使用。此时，移液管吸取一次溶液的体积，准确地等于容量瓶中溶液体积的 1/10。

（4）标准溶液的配制。配制 0.05 $mol \cdot L^{-1}$ 草酸溶液 250 mL，计算出所需草酸（$H_2C_2O_4 \cdot 2H_2O$）的质量，然后按以下方法配制：

①准确称出草酸质量：先在台秤上称出空称量瓶的质量，再把所需的草酸加入，在台秤上粗称出其总质量，然后放到分析天平上准确称取其质量。将草酸倒入 100 mL 烧杯中，再称量称量瓶的质量。两次质量之差即倒入烧杯中草酸的质量。

②配制草酸溶液：用适量去离子水使烧杯中的草酸溶解，将溶液定量转移到 250 mL 容量瓶中，烧杯用少量去离子水洗涤数次，洗涤液要定量转移到容量瓶中，然后加水至刻度，摇匀，计算草酸的浓度。

6. 思考题

（1）配制 0.1 $mol \cdot L^{-1}$ NaOH 溶液时，有的同学用台秤称取固体 NaOH，有的则用分析天平称取，哪一种处理方法正确？

（2）用容量瓶配制溶液时，是否要用干燥的容量瓶？为什么？

（3）从容量瓶中准确取出一定体积的溶液，能否使用量筒准确量取？

第二章
材料的制备方法及表征

实验1　配料与混合

1. 实验目的

(1)掌握研磨机的工作原理。

(2)学会使用QM-3SP2型行星研磨机。

(3)熟练掌握实验方案的制定、配料的操作规程和配料的计算方法。

(4)了解影响配料精确性的因素。

(5)学会使用电子天平准确称量。

2. 主要仪器

电子天平、QM-3SP2行星研磨机。

3. 实验原理

在特种陶瓷工艺中,配料对制品的性能和以后各道工序的影响很大,必须认真进行,否则将会带来不可估量的影响。例如PZT压电陶瓷,在配料中,ZrO_2的含量变动0.5%～0.7%时,Zr/Ti比就从52/48变到54/46,从而使PZT陶瓷极化后的介电常数的变动很大。PZT压电陶瓷配方多半是靠近相界线的,由于相界线的范围很窄,一旦组成点发生偏离,制品性能就产生很大波动,甚至会使晶体结构从四方相变到立方相。

1)配料计算

在陶瓷生产中,常用的配料计算方法有两种:一种是按化学计量式进行计算,一种是根据配料预期的化学组成进行计算(此计算方法略)。

按化学计量式(ABO_3形式)进行计算,其特点是A或B都能为其他元素所取代,从而能达到改性的目的。而且这种取代能形成固溶体及化合物。这种取代不是任意的,而是有条件的。

为了配制任意质量的配方,先要计算出各种原料在配料中的质量分数。设各种原料的质量分别为$m_i(i=1,2,\cdots,n)$,各原料的摩尔数分别为x_i,各原料的摩尔质量分别为M_i,则有

$$m_i=x_iM_i$$

知道了各种原料的质量,应可求出各原料质量分数。设质量分数为A_i,则

$$A_i=\frac{m_i}{\sum m_i}\times 100\%$$

应当指出：上面的计算式是按纯度为100%设想的。但一般原料都不可能有这样高的纯度，因此，计算时要考虑纯度。实际的原料质量为m'，纯度为p时，有：

$$m'=\frac{m}{p}$$

另外，在配料称量前，如果原料不是很干，则需要进行烘干，或者扣除水分。在配方计算时，原料有氧化物（如 MgO），也有碳酸盐（如 $MgCO_3$）以及其他化合物。其计算标准一般根据所用原料化学分子式计算最为方便。只要把主成分按摩尔数计算配入坯料中去即可。对于用铅类氧化物配料，如果用 PbO 配料，则 PbO 为 1 mol；如果用 Pb_3O_4 配料，PbO 就是 3 mol。

实验配方可根据需要而定。

2)混合

对原料进行研磨的目的主要有两个：使物料粉碎至一定的细度；使各种原料相互混合均匀。陶瓷工业生产中普遍采用的研磨机主要是靠装有一定研磨体的旋转筒体来工作的。当筒体旋转时带动研磨体旋转，靠离心力和摩擦力的作用，将研磨体带到一定高度。当离心力小于其自身重量时，研磨体落下，冲击下部研磨体及筒壁，而介于其间的粉料便受到冲击和研磨，故研磨机对粉料的作用可分成两个部分：研磨体之间和研磨体与筒体之间的研磨作用；研磨体下落时的冲击作用。

影响研磨机的粉碎效率的主要因素如下。

(1)研磨机转速。当转速太快时，离心力大，研磨体附在筒壁上与筒壁同步旋转，失去研磨和冲击作用。当转速太慢时，离心力太小，研磨体升不高就滑落下来，没有冲击能力。只有转速适当时，研磨机才具有最大的研磨和冲击作用，产生最好的粉碎效果。合适的转速与研磨机的内径、内衬、研磨体种类、粉料性质、装料量等有关。

(2)研磨体材料的比重、大小和形状。研磨体材料比重大可以提高研磨效率。其直径一般为筒体直径的1/20，且应大、中、小搭配，以增加研磨接触面积。圆柱状和扁平状研磨体接触面积大，研磨作用强，而圆球状研磨体的冲击力较集中。

(3)研磨方式。可选择湿法和干法两种。湿法是在研磨机中加入一定比例的研磨介质（一般是水，有时也加有机溶剂）进行研磨的方法，干法则不加研磨介质。由于液体介质的作用，湿法研磨的效率高于干法研磨。

(4)料、球、水的比例。研磨机筒体的容积是固定的。原料、磨球（研磨体）和水（研磨介质）的装载比例会影响到研磨效率，应根据物料性质和粒度要求确定合适的料、球、水比例。

(5)装料方式。可采用一次加料法，也可采用二次加料法。二次加料法是先将硬质料或难磨的原料加入研磨一段时间后，再加入黏土或其他软质原料，以提高研磨效率的方法。研磨釉料时，应先将着色剂加入，以提高釉面呈色的均匀性。

(6)研磨机的直径。研磨机筒机大，则研磨体直径也可相应增大，研磨和冲击作用都会提高，故可以大大提高研磨机粉碎效率，降低出料粒度。

(7)研磨机内衬的材质。通常为燧石或瓷砖等材料，研磨效率较高，但易带入杂质。近年来也有采用橡胶内衬的，可避免引入杂质，且延长了使用寿命。

(8)助磨剂的选择和用量。在相同的工艺条件下,添加少量的助磨剂可使粉碎效率成倍地提高,可根据物料的性质加入不同的助磨剂,其用量一般为0.5%～0.6%,具体的用量可在特定条件下通过实验来确定。

4. 实验操作步骤

1)配料

(1)根据产品性能要求,确定所选用的原料。

(2)进行配料计算。

(3)利用电子天平准确称取所需原料,注意大小料的称量顺序。

2)混合

QM-3SP2型行星研磨机广泛用于陶瓷、建材等行业和科研单位、高等院校的实验室,其研磨筒旋转速度可以从0调至1400 r/min。筒体由电动机驱动,操作步骤如下:

(1)操作前,先检查电源开关是否已关,调速旋钮是否调至最低挡,计时器是否调至零位。

(2)将需要研磨的材料装入研磨筒中,按一定比例加入研磨体和研磨介质(蒸馏水),然后盖紧压盖,以防液体外溢。将研磨筒安全地固定在研磨机上。

(3)将电源接通,观察面板上电源指示灯是否已亮,确定已通电后,扳动调速开关。

(4)根据粉料性质和粒度要求,调整计时器,设定研磨时间。

(5)按下启动按钮,机器开始低速旋转,观察筒体是否已密封好,以后可根据需要将速度调至任一速度挡。

(6)研磨完毕,按下停止按钮,关掉电源开关,以防误操作。

(7)注意事项:

①称量前必须仔细阅读电子天平使用说明书。

②称量准确。

③研磨机只适用于220 V交流电源,不得使用其他电源。

④调速时,必须先扳动调速开关至"ON"(开)位置,然后轻轻旋转调速开关,进行调速。

⑤研磨筒中每次加料不能太多,以筒体容积的2/3为限。

⑥操作时,不要将物品遗留在筒盖上,以免开机后,物品飞出伤人。

⑦研磨机开始工作后,现场不能离人。

5. 浆料处理

研磨过的浆料可倒入方盘中,放入干燥箱中烘干,之后将粉料放入乳罐或研钵中研碎,得到所需粉体。

6. 思考题

(1)分析影响 QM-3SP2 型行星研磨机研磨效率的因素。

(2)配料中应注意哪些问题?

(3)研磨时应如何考虑加料顺序?

实验2　粉体的预烧合成

1. 实验目的

(1)学会使用高温箱式电阻炉烧制陶瓷制品。

(2)掌握电子陶瓷粉料的预烧工艺的过程和原理。

(3)了解确定电子陶瓷粉料的预烧温度的因素。

2. 实验设备及仪器

(1)高温箱式电阻炉:硅碳棒发热体,最高使用温度为 1350 ℃,热电偶测温,炉膛尺寸为 250 mm×150 mm×100 mm。

(2)KSW-6-16 型电炉温度控制器。

(3)Al_2O_3 陶瓷垫板,Al_2O_3、ZrO_2 熟料粉末。

3. 实验原理

1)预烧的意义

预烧是陶瓷烧结的一个先行工艺,是为了在一次高温下进行化学反应合成主晶相,预烧所得的产品——烧块,是一种反应完全、疏松多孔、缺乏机械强度的物质。它便于粉碎,有利于第二次配方的研磨和混合。合理的预烧可使陶瓷的最终产品具有反应充分、结构均匀、收缩率小、尺寸精确、粉粒有较高的活性的优点。

2)预烧过程的四个阶段

预烧合成一般经历四个阶段:线性膨胀、固相反应、收缩和晶粒生长。这里介绍一下固相反应。

合成陶瓷的过程是化学反应进行的过程,这种化学反应不是在熔融的状态下进行的,而是在比熔点低的状态下利用固体颗粒间的扩散来完成的,这种反应称为固相反应。相对气体和液体来说,固相反应更为复杂。因为晶格中的离子或原子团活动性较小,而这种活动性又与晶格中的各种缺陷有密切关系。另外,固相反应开始后,便形成一层新的反应生成物,将未反应的成分隔离开来;随后只能依靠未反应的组分穿过新的物质层的扩散,才能够继续进行反应。不管固相反应如何复杂,其基本过程是扩散。扩散的基本规律在这里仍然适用。

为了确定扩散的情况,可将成分中各氧化物压成片叠放在一起,在各种温度下保温,然后取出,对接触面进行化学分析。通过化学分析可确定扩散情况。

3)预烧的条件

合理的预烧有利于烧结的进行和高质量陶瓷的形成,但预烧温度过高,粉料收缩过大会造成预烧粉料结块，平均粒径较大，并导致一些易挥发的成分损失；预烧温度过低，则会使反应不充分，粉料粒度分布较窄，颗粒堆积不够紧密，接触面积不够。所以采用合理的预烧温度和保温时间既能节约能源，又能得到活性较高、有较宽粒度分布的粉料，使陶瓷在很宽烧结温度范围内具有较高致密度且性能优良。

预烧粉料中只要有足够数量的主晶相形成，且粉料不结块、不过硬、便于粉碎即可。

(1)预烧温度的确定：根据 TGA-DTA 综合热分析、XRD 分析和预烧后的粒度分析确定。

(2)预烧保温时间的确定：保温时间和预烧温度相关，预烧温度高一点，那么保温时间就短一点；反之亦然。

4. 实验操作步骤

(1)将电源开关及电阻炉开关置于断开状态，电炉温度控制器的电流、电压旋钮置零。

(2)将混合好的粉料装入坩埚并压紧，盖上盖板(略有缝隙，利于气体的逸出)，放入炉膛内，中心点应在热电偶端部的下面，关闭炉门。

(3)设置预烧升温曲线。

(4)达到保温时间后，将电流、电压归零，关闭控制开关及电源开关，让制品随炉冷却。如果需要控温降温，应根据降温曲线，逐步调低电流、电压值，使温度逐渐下降至室温，然后切断电源。

(5)注意事项：

①设备使用时必须安装地线。

②移动或取放物料时，要切断电源，并注意防止高温烫伤。

③初次使用时，要在指导教师指导下进行。

5. 实验数据整理

电阻炉充分冷却后，取出试件，做好记录，计算烧成收缩率和结块的硬度，并根据其相应的预烧制度评价预烧的质量。

6. 思考题

预烧粉末的颗粒尺寸对烧制陶瓷制品有什么影响？

实验3　造粒与干压成形及烧结

1. 实验目的

(1)掌握干压成形用坯料处理的原理和方法。

(2)掌握干压成形的原理和方法。

(3)了解影响结构陶瓷的干压成形的成形性能、压坯性质(密度和强度)的因素。

(4)掌握陶瓷常压烧结的工艺原理和高温烧结炉的使用方法。

(5)了解电子陶瓷烧成的过程及条件。

2. 实验内容

结构陶瓷的成形方法有很多种,干压成形是最为常用的一种方法,其工艺过程简单,容易掌握。另外,由于结构陶瓷的原料粉体均属瘠性且颗粒粒度很细,用于干压成形时一般需要添加塑化剂(黏合剂)并进行造粒处理,才能具有良好的成形性能。

(1)粉料与黏合剂混合,研磨造粒。

(2)压块造粒(使用电动液压压片机),学习压片流程。

(3)粉料成形。

(4)样品编号标记,以备烧结。

(5)将已经压片成形的样片叠放在氧化铝垫板上,中间添加样品粉末做隔粉,氧化铝粉末做底层垫粉,外层扣上刚玉坩埚。

(6)将烧结器具放入烧结炉中,设置烧结升温曲线。

(7)烧结完毕,关闭电源。

3. 实验原理

烧结是指在高温作用下粉粒集合体(坯体)表面积减少、孔隙率降低、颗粒间接触面积加大以及机械强度提高的过程。烧结是整个陶瓷制备工艺过程中最为关键的环节,坯体只有经过烧结,才具有陶瓷的特性及要求的形状,烧结条件的好坏直接影响着陶瓷的致密度和性能。

4. 实验要求

(1)各小组分工负责造粒与干压,得到标准成形样片。

(2)掌握黏合剂配比、研磨方法,掌握液压压片机的使用方法。

(3)注意实验安全,避免受伤。

(4)保护压片模具。

(5)小组分组烧结 1～4 组样片。

(6)安全操作烧结炉,防止烧结过程中以及烧结结束后,高温和高电流对人体造成伤害。

(7)对烧结后的样品进行初步表征和分析。

5. 思考题

在干压成形中,黏合剂的挑选原则是什么？不同黏合剂的类型和使用范围是怎样的？

实验 4 水热法制备 $Bi_{3.15}Nd_{0.85}Ti_3O_{12}$ 纳米结构

1. 实验目的

(1)了解水热法制备纳米材料的原理与方法;
(2)加深对在水热法中影响纳米材料结构和形貌因素的认识;
(3)初步了解 X 射线粉末衍射对于材料物相以及扫描电子显微镜对于形貌的表征。

2. 实验原料

五水硝酸铋($Bi(NO_3)_3 \cdot 5H_2O$),钛酸丁酯($Ti(C_4H_9O)_4$),硝酸钕($Nd(NO_3)_3 \cdot nH_2O$),氢氧化钠(NaOH),乙二醇甲醚($CH_3O(CH_2)OH$),无水乙醇,去离子水。

3. 实验仪器

BP221s 型电子天平;78HW-1 型恒温磁力搅拌器;DH-101 型电热恒温鼓风干燥箱;SHZ-ⅢD 型循环水真空泵;聚四氟乙烯内衬不锈钢高压釜;离心机。

4. 实验原理

1)水热法

水热法是指在高温高压的密闭容器内,以水或者有机溶剂作为介质,使不溶物或者难溶物溶解并且重结晶,再通过分离和热处理得到目标产物的方法。水热法具有以下明显的特点和优势:

①高温高压条件下水处于超临界状态,提高了反应物的活性。

②水热法具有可控性和调变性,能根据反应需要调节温度、介质、反应时间等,可以用来制备多种纳米氧化物材料、磁性材料等。

③反应釜为密闭体系,工作压力为 3 MPa,不会造成原料泄漏。

反应方程式:

$$C_6H_{12}N_4 + 6H_2O \longrightarrow 6HCHO + 4NH_3$$

$$NH_3 + H_2O \rightleftharpoons NH_4^+ + OH^-$$

$$Zn^{2+} + 2OH^- \rightleftharpoons Zn(OH)_2$$

$$Zn(OH)_2 \rightleftharpoons ZnO + H_2O$$

2)生长机制

水热过程是一个恒容过程,系统吸热,温度和压力增加。在某一温度,系统内 Gibbs 自由能的降低是无定形亚稳相的共沉淀粉末晶化时产生不逆相变的推动力。由热力学可知，系统处于平衡态时，系统 Gibbs 自由能最小，系统从非平衡态向平衡态变化，这个变化的推动力即为 Gibbs 自由能的降低，根据

$$dG = dH - TdS - SdT \tag{1}$$

式中：G 为 Gibbs 自由能；H 为体系焓；T 为绝对温度；S 为体系熵。

若考虑的是温度 T_m 时的相变，则系统是一个定容、定压、等温过程，此时

$$dG_m = dQ_p - T_m dS \tag{2}$$

由非晶粉末晶化成核，系统混乱度增大，$dS>0$，无定形粉末晶化过程系统内能降低，$dQ_p<0$，所以 $dG_m<0$，则系统相变为自发过程，也就是说，只有系统温度足够高，$T \geqslant T_m$，晶胚中原子有足够的活化能扩散迁移，才开始晶化过程。系统的相变表现为不可逆一级相变，属于扩散型相变类的连续相变。

$T<T_m$，系统主要为吸热升温过程，dQ 较大，此时，$dG>0$，相变不可能发生。

$T=T_m$，TdS 迅速增大，系统发生放热反应，dQ 减小，dG 迅速减小。

$T>T_m$，$dG<0$，晶化过程开始，系统表现为不可逆相变过程。

以上分析表明，在水热过程中一定温度下相变是自发的，相变温度与体系中原子的活化迁移能或晶核生长自由能有关，即与体系的本身特性有关。

水热晶化过程包括成核和生长两个过程。成核速率是指母相中单位体积，单位时间内出现的核的数目。令 ΔG_b 为从亚稳态的晶胚转化成晶核时的离子活化迁移能，则

$$I = K\exp(-\Delta G_b / kT) \tag{3}$$

式中：I 为晶核形成数目；K 为比例常数；k 为波尔兹曼常数；T 为绝对温度。在一定温度下，晶胚成核速率正比于晶胚中活化的离子数目。显然，温度 T 越高，被活化的离子数目越多，成核速率愈大。

随 T 升高，水的性质也将发生一些变化，如蒸汽压升高，密度变小，黏度变低和离子积升高。这些变化影响着晶体反应的程度和结晶速度，从而影响结晶质量和形貌。根据 Arrheninus 方程，$d\ln K/dT = -E/RT^2K$，随 T 增加，离子的反应速率呈指数增大。同时，由于部分溶剂汽化，体系处在高压状态，这可大大提高反应物之间的扩散速度，从而加快反应的进行。但温度过高不利于晶体的生长，会使晶体外形不规则。

晶体的形貌由该晶体的内部结构决定，同时受外部条件的影响，如反应温度、时间、溶液的酸碱性（pH 值）以及添加剂的使用等。在均匀的水热体系中，没有模板也未添加任何表面活性剂，根据水热合成的热力学理论，对表面能最小的晶核，其平衡形状取决于晶体的内部结构。因而，BNdT 纳米片的成核和各向异性生长可能来自于 BNdT 的晶体结构和外部环境，前者起主要作用。图 2-1 示出了 BNdT 纳米片的生长模型。

水热反应初期，溶解在水中的 Nd、Bi 和 Ti 以无定形 $Nd_2O_3 \cdot nH_2O$、$Bi_2O_3 \cdot nH_2O$ 和 $TiO_2 \cdot nH_2O$ 沉淀物的形式均匀分散在 NaOH 水溶液中。在较高的反应温度下，为了降低自由表面能，三者相互吸附而形成团聚体（即由大小约 47 nm 的 $Nd_2O_3 \cdot nH_2O$、$Bi_2O_3 \cdot nH_2O$ 和 $TiO_2 \cdot nH_2O$ 初始粒子形成大小约 270 nm 的团聚体）。随晶化时间的延长，$Nd_2O_3 \cdot nH_2O$、$Bi_2O_3 \cdot nH_2O$ 和 $TiO_2 \cdot nH_2O$ 在高的 NaOH 浓度下不断溶解，相互碰撞脱去 H_2O 和 OH^-，迅速地直接转化为自由能更低的 BNdT 晶核，因 Nd^{3+} 半径较 Bi^{3+} 小，成核速率更快。从晶化时间为 10 min 和 2 h 水热反应后粒径分布窄来判断，BNdT 的形核结晶

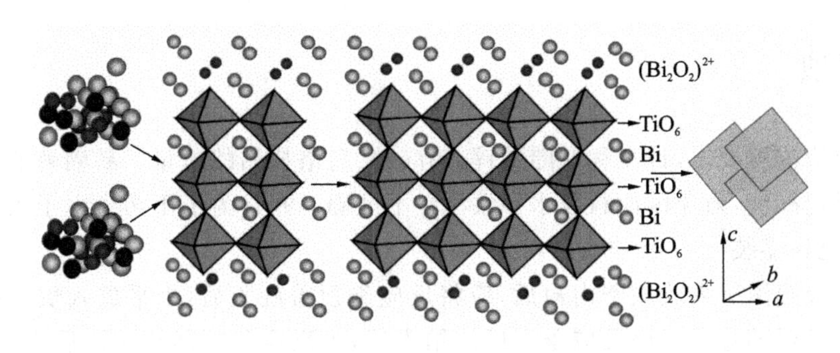

图 2-1 BNdT 纳米片的生长模型

是在各个团聚体内部直接进行的,因此,这一阶段 BNdT 的合成是原位生成机理占主导地位。当晶化时间进一步延长时,BNdT 晶粒先减小后增大,这表明水热反应后期主要以溶解-再结晶机理为主,$Nd_2O_3 \cdot nH_2O$、$Bi_2O_3 \cdot nH_2O$ 和 $TiO_2 \cdot nH_2O$ 不断溶解在溶液中。另外,一部分刚结晶出的小晶粒不稳定,再重新溶解。此时溶液中存在大量 Ti^{4+}、Bi^{3+}、Nd^{3+}、OH^- 离子团和非桥接结构的氢氧基团,在这样的环境下,先形核长大的 BNdT 晶粒不断吸收溶液中的离子和离子团长大,从而改善了 BNdT 的结晶性能和粒径分布。

已知含 Bi 层状钙钛矿型氧化物沿 a/b 轴的生长速率比沿 c 轴方向高得多,而 c 轴取向晶粒有比 a/b 轴取向晶粒更高的成核率,这种各向异性的生长趋势与我们已知的层状钙钛矿型 BNdT 是相似的。BNdT 单胞由 $(Bi_2O_2)^{2+}$ 和 $(A_{n-1}B_nO_{3n-1})^{2-}$ 伪钙钛矿层沿 c 轴交错堆积而成。这两层通过 $(Bi_2O_2)^{2+}$ 层中的 Bi^{3+} 离子和 $(A_{n-1}B_nO_{3n-1})^{2-}$ 伪钙钛矿层中顶上的 O^{2-} 离子所形成的键连接在一起,这种键结合力很弱,从而导致 BNdT 晶核沿 c 轴的生长速度远远低于 a 轴和 b 轴的生长速度。在均匀的水热反应体系中,这种晶体生长习性更得到充分体现,物质的组成单元易于沿 a 轴和 b 轴规则排列,从而形成一个长程有序的晶体结构,最终得到了方形片状的 BNdT 纳米结构。

大量研究表明,表面活性剂、有机胺或两亲性聚合物有助于一维纳米材料的水热合成。在体系中加入聚合物添加剂,其聚合物的长链形成一个微反应器,随着水与聚合物比例以及反应温度的变化,这些反应器的拓扑结构也将发生变化,并作为软模板来控制晶体的取向生长。在水热合成中,由于聚合物 PEG(分子量 10000)的螯合与包覆作用,BNdT 的各向异性降低,从而形成 BNdT 纳米棒。

5. 实验步骤

(1)按摩尔比 Bi∶Nd∶Ti=3.15∶0.85∶3称取一定量的 $Bi(NO_3)_3 \cdot 5H_2O$、$Nd(NO_3)_3 \cdot nH_2O$ 和 $Ti(C_4H_9O)_4$ 溶解于乙二醇甲醚中,均匀搅拌得到透明溶液,浓度为 0.1 mol/L。

(2)加入 3 mol/L 的 NaOH 溶液,调节溶液的 pH 值,将配好的前驱物移至聚四氟乙烯内衬不锈钢高压釜,定容至 80%后密封。前驱物将在高压釜中发生如下变化:

反应前驱体⇨小晶核⇨各向异性生长⇨纳米片

(3)将高压釜置于真空干燥箱中,在 200 ℃温度下反应 24 h,自然冷却至室温。

(4)出料,洗涤产物,依次用蒸馏水和无水乙醇洗涤 3 次,直至过滤液呈中性。

(5)将产物在真空干燥箱中 80 ℃干燥 8 h,得到最终粉末产物。

6. 注意事项

(1)按反应浓度要求,计量称取醋酸锌、硝酸锌、乌洛托品的质量。易潮解的原料最后称量,动作要迅速准确,避免因原料吸水导致称量不准确。并且为了不污染电子天平,称量时,可直接使用烧杯盛装。

(2)将反应溶液装入反应釜内衬后,应将反应釜顶盖旋紧后,水平放入烘箱中。在水热反应过程中,不得随意触碰该反应釜。反应结束后,等反应釜冷却至室温后再开启反应釜,对反应产物进行抽滤洗涤。

7. 思考题

分析可能影响纳米材料形貌与物相的因素。

实验 5　溶胶-凝胶法制备纳米二氧化钛(TiO_2)

1. 实验目的

(1)了解溶胶-凝胶法制备纳米材料的原理与方法；

(2)加深对在溶胶-凝胶法中影响纳米材料结构和形貌因素的认识；

(3)初步了解纳米 TiO_2 的使用领域和基本用途。

2. 实验原料

$Ti(OC_4H_9)_4$(钛酸四丁酯)(A. R. 340. 36),HNO_3,去离子水,无水乙醇。

3. 实验仪器

磁力搅拌器,pH 计,烘干机,马弗炉。

4. 实验原理

溶胶-凝胶(sol-gel)法是制备纳米粉晶的一种有效途径。溶胶(sol)是指在某一方向上线度为 1～100 nm 的固体粒子在适当液体介质中形成的分散体系。有机前驱体经过水解和缩聚反应而形成溶胶。溶胶粒子按一定的机理生长、扩散而形成分散状的聚集体。当溶胶中的液相因温度变化、搅拌作用、化学反应或电化学作用而部分失去时,体系黏度增大,达到一定程度时形成凝胶(gel)。将凝胶经过成形、老化、热处理工艺可得到不同形态的产物。本实验采用溶胶-凝胶法制备了 TiO_2 溶胶-凝胶,经热处理后,得到不同的 TiO_2 微粒。

反应方程式：

$$Ti(OR)_4+4H_2O \longrightarrow Ti(OH)_4+4ROH$$

(R：Bu(丁基))

$$Ti(OH)_4 \longrightarrow TiO_2(s)+2H_2O$$

5. 实验步骤

(1)将 5 mL $Ti(OBu)_4$ 于剧烈搅拌下滴加到 15 mL 无水乙醇(A. R.)中,经过 10 min 的搅拌,得到均匀淡黄色透明的溶液①；

(2)将 2. 5 mL H_2O(经二次蒸馏)和 5 mL 无水乙醇(A. R.)配成的溶液于剧烈搅拌下缓慢滴加 6 滴 HNO_3(A. R.),得到 pH＝3 的溶液②；

(3)再于剧烈搅拌下将溶液①以约 1 滴/秒的速率缓慢滴加到溶液②中,得到均匀透明的溶胶,继续搅拌,得到半透明的湿凝胶。

(4)湿凝胶在 100 ℃下干燥 2 h,得到淡黄色晶状体,研磨后在 400 ℃恒温下焙烧 2 h,得到纳米 TiO_2 微粒。

6. 注意事项

正确使用移液器和量筒,注意规范使用实验装置。

7. 思考题

(1)什么是溶胶-凝胶法?

(2)分析可能影响纳米 TiO_2 形貌与物相的因素。

(3)为什么在水解过程中要加入硝酸?

实验 6　熔盐法制备 $Bi_{3.15}Nd_{0.85}Ti_3O_{12}$ 微米薄片

1. 实验目的

（1）了解熔盐法制备微米材料的原理。

（2）进一步分析材料形貌和结构的影响因素。

2. 实验仪器

BP221s 型电子天平，QM-3SP2 型行星研磨机，78HW-1 型恒温磁力搅拌器，SHZ-ⅢD 型循环水真空泵，马弗炉。

3. 实验原理

1）熔盐法

熔盐法是最近几十年出现的一种新型的粉体合成方法，由于物质在熔盐中的迁移速率远高于其在固相中的迁移速率，所以熔盐法可以显著降低反应温度和缩短反应时间。同时，还可有效控制晶粒的尺寸和形状。本实验以水热合成的 BNdT 纳米颗粒为原料，用 NaCl-KCl 熔盐法制备片状 BNdT 粉体，研究熔盐含量和预烧温度等工艺参数对粉体形貌及显微结构的影响。

2）形成机理

按照布拉维法则，晶体上的实际晶面平行于密度大的网面，且网面密度越大，相应晶面也越重要。网面密度越小，其晶面间距也越小，从而相邻网面间的引力就越大，晶面将优先生长；反之，网面密度越大，相应的网面间距也越大，网面间的引力就越小，不利于质点堆积，晶面生长越慢。在晶体生长过程中，生长速度快的晶面将会缩小而最终消失，保留下来的实际晶面将是网面密度大的晶面。由 BNdT 的晶体结构可知，其（$00l$）面的网面密度较（$h00$）、（$0k0$）或其他网面大，所以（$h00$）和（$0k0$）面将迅速生长并逐渐缩小，而（$00l$）面则缓慢生长并得以保留，最终成为实际晶面，所以 BNdT 晶体最终生长为片状结构。

已知含 Bi 层状钙钛矿型氧化物沿 a/b 轴的生长速率比沿 c 轴方向高得多，而 c 轴方向晶粒又比 a/b 轴方向晶粒具有更高的成核率，这种各向异性的生长趋势与我们已知的层状钙钛矿型 BNdT 是相似的。BNdT 单胞由 $(Bi_2O_2)^{2+}$ 和 $(A_{n-1}B_nO_{3n-1})^{2-}$ 伪钙钛矿层沿 c 轴交错堆积而成。这两层通过 $(Bi_2O_2)^{2+}$ 层中的 Bi^{3+} 和 $(A_{n-1}B_nO_{3n-1})^{2-}$ 伪钙钛矿层中顶上的 O^{2-} 所形成的键连接在一起，这种键很弱，从而导致 BNdT 晶核沿 c 轴的生长速度远远低于沿 a/b 轴的生长速度。物质的组成单元易于沿 a 轴和 b 轴规则排列，形成一个长程有序的晶体结构，最终得到了方形片状的 BNdT 微米结构。另外，熔盐中的阴离子 Cl^- 与

$(Bi_2O_2)^{2+}$层中的Bi^{3+}发生作用，进一步降低了(001)晶面的表面能，从而降低了(001)晶面方向的生长速率，导致晶粒各向异性生长，形成片状晶粒。

当温度较低时，晶粒的生长由于Bi层结构的方向性而沿(100)晶面方向择优取向。当温度升高，熔盐含量增加时，由于液相熔盐含量不断增加，原子扩散进程加快，粉体沿各方向的生长速度趋于一致，这时择优取向生长就变得不是很明显了。也就是说过高的温度虽可使烧结的驱动力增大，但同时会导致粉体沿长度与厚度方向同时增大。温度较低时，以长度方向增大为主；超过一定温度后，熔盐含量较大时，厚度方向的增大占主导地位。

4. 实验步骤

熔盐法制备BNdT微米薄片的流程如图2-2所示。

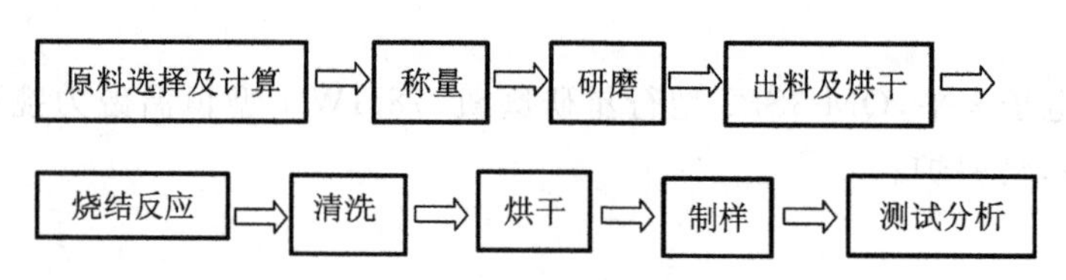

图2-2　BNdT微米薄片的熔盐制备流程

(1)以水热合成的BNdT纳米颗粒为原料，以$n(NaCl):n(KCl)=1:1$的化学计量比配料，两种熔盐的总含量(质量分数)分别取15%、100%、300%。

(2)将原料放入研磨筒中，以无水乙醇为介质，研磨12 h。

(3)出料后80 ℃烘干。

(4)分别在750 ℃、850 ℃、925 ℃温度下烧结2 h，制得BNdT粉体。

5. 思考题

(1)简述熔盐法与水热法的区别。

(2)熔盐法对材料制备形貌和结构的影响因素有哪些?

实验 7 多孔材料的制备及性能研究

1. 研究背景

六方氮化硼(hexagonal boron nitride,h-BN)结构类似于石墨,具有无毒、轻质、绝缘、高熔点、抗氧化性、耐酸耐碱和高热导率等优良特性。当其形成多孔结构时,将表现出更多有益的物理和化学性能,如高的比表面积、大的孔体积、局域电偶极矩以及高密度的吸附活性位等,是新一代吸附及催化剂负载的理想材料。因此,在能源环境领域具有广泛而巨大的应用前景。然而,相对于活性炭或其他氧化物类的多孔材料,合成高性能多孔氮化硼较为困难。

2. 实验目的

(1)合成高比表面积的多孔氮化硼材料。

(2)测试多孔氮化硼材料对水溶液中甲基橙的吸附能力。

3. 实验内容

1)制备过程

(1)分别称量 3.71 g 的 H_3BO_3 和 3.78 g 的 $C_3N_6H_6$(物质的量比为 2∶1)置于 200 mL 的去离子水中,连续搅拌 30 min 使其均匀分散于水溶液中,并将所得分散均匀的混合溶液加热到 85 ℃使其变澄清,保温 2 h;然后自然降温至室温,有白色絮状沉淀物出现;最后经过真空抽滤和在 90 ℃下烘干的实验过程后,可得到白色纤维状固体。

(2)将所得的白色纤维状固体放置于一根刚玉管中部,再将其置于水平管式炉中,并保证样品所在的位置正好是管式炉中央部位。在流速为 100 mL/min 的 N_2 保护下首先以 2 ℃/min 速率升温到 300 ℃,保温 1 h;然后以同样的升温速率升温到 1100 ℃,保温 2 h;接着以 5 ℃/min 升温到 1460 ℃,保温 3 h;最后自然降温到室温,所获得的白色纤维状固体为多孔氮化硼。

2)性能测试过程

(1)将适量的甲基橙粉末溶于去离子水中,并稀释到吸附实验所需的浓度。在评估室温条件下多孔氮化硼对水溶液中甲基橙染料分子的吸附动力学时,将 100 mg 的多孔氮化硼加入到 250 mL 浓度为 60 mg/L 的甲基橙水溶液中(pH=7),溶液温度保持 30 ℃并以 150 r/min 的速率搅拌溶液,在不同时间间隔内取样,离心,并取上层清液。

(2)在研究不同温度下多孔氮化硼对水溶液中甲基橙染料分子移除能力时,水溶液的体积为 250 mL,初始浓度为 60 mg/L,pH 值为 7.0,多孔氮化硼的剂量为 100 mg,溶液的温度变化范围为 10～50 ℃，混合溶液以 150 r/min 的速率搅拌 120 min。

(3)在评估溶液的 pH 值对吸附实验的影响时，将 100 mg 的多孔氮化硼加入到 250 mL 初始浓度为 60 mg/L 的甲基橙水溶液中，水溶液的 pH 值通过加入适量的 0.1 mol/L 的 HNO_3 和 NaOH 溶液的方式进行调整，调整范围为 2.0～12.0。混合溶液在 30℃下以速率为150 r/min 搅拌 120 min。

(4)在研究吸附剂用量对污染物移除百分比的影响时，水溶液中甲基橙的浓度为 60 mg/L，溶液的 pH 值为 7，吸附时间为 120 min，溶液温度为 30 ℃，多孔氮化硼的剂量调整的范围为 10～100 mg，混合溶液以 150 r/min 的速率搅拌 120 min。

(5)在研究多孔氮化硼等温吸附曲线时，混合溶液的体积为 250 mL，搅拌速率为 150 r/min，初始浓度为 60 mg/L，pH 值为 7.0，多孔氮化硼的剂量调整范围为 10～100 mg，溶液的温度为 30 ℃，吸附时间为 120 min。

4. 思考题

(1)什么是比表面积？传统活性炭的比表面积是多少？

(2)多孔结构中，大孔、介孔和微孔是如何区分的？

(3)相对于碳材料，氮化硼陶瓷材料有哪些不同的物理化学性质？

实验 8　应用于光催化的纳米复合材料制备与性能研究

1. 研究背景

目前，半导体金属氧化物光催化剂已经得到了广泛研究，其中 TiO_2 最具代表性。TiO_2 半导体光催化剂因其化学性质稳定、无毒、价格低廉，且能高效去除水中的污染物而成为利用光催化技术解决能源和环境问题的理想材料。TiO_2 光催化剂尽管有诸多优点，具有很好的应用前景，不过目前利用 TiO_2 降解有机污染物的应用程度并不高，主要有以下原因：①光催化效率低，由于 TiO_2 具有较宽的禁带宽度（E_g＝3.2 eV），只在紫外光下才有光催化活性。通过掺杂等手段对 TiO_2 进行改性可以使其具有可见光催化活性。②纳米 TiO_2 颗粒由于粒度小，易产生团聚。③在光催化降解过程中，TiO_2 颗粒分散于污染废水中形成悬浮体系，由于其粒度小，难以回收，因此光催化剂的循环利用成为难题。通过将 TiO_2 固载在适合的载体上，可以解决这个问题。并且可借助载体的高比表面积提高催化剂的吸附能力，从而提高光催化效率。

2. 实验目的

（1）制备具有高比表面积的二氧化钛/多孔氮化硼复合光催化材料。

（2）测试二氧化钛/多孔氮化硼复合光催化剂对水溶液中亚甲基蓝的降解能力。

3. 实验内容

1）制备过程

量取 5.0 mL 无水乙醇和 2.0 mL 冰醋酸于干燥烧杯中，然后加入 6.8 mL 钛酸丁酯，在 30 ℃的温度下，磁力搅拌 10 min，称取 0.8 g 实验 7 中制备的多孔氮化硼纤维加入其中搅拌 1 h，标记为 A 溶液。另取烧杯加入 4.0 mL 去离子水、5.0 mL 无水乙醇和 7.2 mL 冰醋酸，磁力搅拌 10 min 使其均匀混合，制得 B 溶液。磁力搅拌 A 溶液，将 B 溶液缓慢滴加入 A 溶液中，滴加完成后继续搅拌 20 min，得到均匀溶胶，室温下静置陈化 24 h，形成凝胶，在干燥箱中 80 ℃干燥 12 h，取出研磨。将研磨后的样品放入马弗炉中，400 ℃煅烧处理 2 h 后自然冷却，得到二氧化钛/多孔氮化硼复合光催化剂。

2）性能测试过程

通过亚甲基蓝的移除效率来评价催化剂的吸附性能和紫外光催化活性。光源为 250 W 氙灯。取 0.1 g 样品分散于 150 mL 浓度为 10 mg/L 的亚甲基蓝溶液中，在光化学反应器中避光磁力搅拌，搅拌过程中间隔 10 min 取样 3.5 mL，离心分离，取上层清液用紫外可见分光光度计测量溶液在 664 nm 处的吸光度。暗反应约 2 h 达到平衡。光照过程中间隔

10 min取样 3.5 mL,离心分离,取上层清液用紫外可见分光光度计测量溶液在 664 nm 处的吸光度。

4. 思考题

(1)二氧化钛有几种晶型,通常作为光催化剂使用的是哪一种晶型?

(2)紫外光的波长是多少?

实验9　过滤吸附膜的制备及性能研究

1. 研究背景

多孔氮化硼具有丰富的孔道结构、高的比表面积和表面吸附活性位，可以作为一种新型吸附剂有效地移除水中的有机染料、金属离子、油污等污染物。此外，多孔氮化硼具有优良的电绝缘性、导热性、耐化学腐蚀性、热稳定性和高温化学惰性等特点，适用于高温或酸碱等极端环境处理污染物，其再生和重复利用较为容易、安全。但是，多孔氮化硼是以粉末状态存在的，在进行吸附实验时容易团聚，从而导致表面吸附活性位减少，吸附能力下降。此外，为了使粉末态的氮化硼材料从水溶液中分离出来，需要通过过滤或者高速离心，从而耗费大量的时间和能量。这极大地阻碍了多孔材料的实际应用。为了克服上述缺陷，必须制备出具有高的过滤吸附活性、结构稳定、渗透性好和易于使用的多孔氮化硼混合过滤吸附膜。

2. 实验目的

（1）制备无支撑多孔氮化硼混合过滤吸附膜。

（2）测试无支撑多孔氮化硼混合过滤吸附膜对水溶液中亚甲基蓝的移除能力。

3. 实验内容

1）制备过程

本实验中所用的多孔氮化硼是通过活化剂 P_{123} 原位化学活化法合成的，纤维素（MFC）购自于天津美德玛生物科技有限公司。多孔氮化硼在使用前，用浓度为 1 mol/L 的浓 HNO_3 溶液浸泡 1 h，然后用蒸馏水反复清洗三次，使其混合溶液显中性。纤维素使用前，用 NaBr/NaClO 溶液处理，再用蒸馏水反复冲洗几次，使其混合溶液显中性。

无支撑多孔氮化硼/纤维素过滤吸附膜通过一个真空过滤系统制备，具体过程如下：首先，将 50 mL 的 ABN 悬浊液在强烈搅拌的条件下逐滴加入到 50 mL 的 MFC 混合水溶液中，并加入 2 g 的表面活性剂（F-127）；然后，混合溶液在常温下连续强烈搅拌60 min后，再超声 60 min 形成分散均匀的混合悬浊液；接着，将此 100 mL（质量分数为 1%）的悬浊液注入到一个直径为 55 mm 的布氏漏斗中，通过真空过滤的方式，将水过滤掉，而混合的多孔氮化硼和纤维素附着在布氏漏斗中，形成混合过滤吸附膜；最后，将所获得的混合过滤吸附膜用 2 MPa 的压力均匀挤压，使其进一步均匀且表面平整化，在 150 ℃温度下干燥 2 h，可得无支撑多孔氮化硼/纤维素混合过滤吸附膜。

2）性能测试过程

将适量亚甲基蓝溶于去离子水溶液中，均配制成浓度为 40 mg/L 的模拟污染物水溶液，并将溶液的 pH 值调整为 8.0。

过滤吸附实验是通过一个布氏漏斗进行的。将质量为 1 g，直径为 55 mm 和厚度为 0.6 mm的无支撑多孔氮化硼/纤维素混合过滤吸附膜放入到布氏漏斗中，并使其边缘和布氏漏斗接触紧密，以确保模拟污染物水溶液不从其周边直接泄漏。各种污染物水溶液分别以不同的恒定流速通过混合过滤吸附膜。

4. 思考题

(1)什么叫过滤膜？

(2)制备过滤膜所用的材料有哪些？

实验10　活性氮化硼材料制备及环境处理应用

1. 研究背景

通过前驱体高温裂解化学“鼓泡”法成功制备出高比表面积的多孔氮化硼，并且展现出优良的物理和化学特性，如高的化学稳定性、良好的结构稳定性和大的孔体积等。此外，所制备的多孔氮化硼具有优良的污水净化能力。

在此基础上，为了进一步提高多孔氮化硼的比表面积、孔体积以及表面吸附活性位，本实验将研究多孔氮化硼的化学活化过程与机理。化学活化为增强多孔氮化硼的污水净化能力和空气净化能力奠定基础。相对于前期所制备的多孔氮化硼，通过活化剂原位活化法新制备的活性氮化硼具有更高的比表面积、更大的孔体积、更丰富的结构缺陷及更多的表面有机功能团等优良的物理、化学性能。

2. 实验目的

(1)制备活性氮化硼材料。

(2)测试活性氮化硼对水溶液中亚甲基蓝的吸附能力。

3. 实验内容

1)制备过程

(1)首先，将3.71 g的H_3BO_3、3.78 g的$C_3N_6H_6$和5 g的聚环氧乙烷-聚环氧丙烷-聚环氧乙烷三嵌段共聚物(P_{123})在强烈的搅拌下均匀分散于200 mL的蒸馏水中；然后，将浓度为0.05 mol/L的HNO_3溶液滴加到混合溶液中，使混合溶液的pH值达到6.5；接着，将混合溶液在水浴中加热到85 ℃，使其变成澄清溶液，并保持温度6 h，将混合溶液自然降温而获得白色絮状沉淀物；最后，经过滤和在90 ℃温度下烘干，得到白色带状固体。

(2)将所得白色带状固体放入管式炉中，在流速为200 mL/min的氮气保护下，以5 ℃/min速率升温到546 ℃，并保温2 h；然后升温到1300 ℃，并保温3 h；在氮气的保护下，自然降温到室温，所得白色带状粉末即为活性氮化硼。

2)性能测试过程

将适量的亚甲基蓝溶于去离子水中，并稀释到吸附实验所需的浓度。

在评估室温条件下活性多孔氮化硼对水溶液中亚甲基蓝染料分子的吸附动力学时，将100 mg的活性多孔氮化硼加入到250 mL浓度为60 mg/L的亚甲基蓝水溶液(pH=7)中，溶液温度保持30 ℃并以150 r/min的速率搅拌，在不同时间间隔内取样，离心，并取上层清液。

在研究不同温度下活性多孔氮化硼对水溶液中亚甲基蓝染料分子移除能力时，水溶液的体积为 250 mL，初始浓度为 60 mg/L，pH 值为 7.0，活性多孔氮化硼的剂量为 100 mg，溶液的温度变化范围为 10～50 ℃，混合溶液以 150 r/min 的速率搅拌 120 min。

在评估溶液的 pH 值对吸附实验的影响时，将 100 mg 的活性多孔氮化硼加入到250 mL 初始浓度为 60 mg/L 的亚甲基蓝水溶液中，水溶液的 pH 值通过加入适量的 0.1 mol/L 的 HNO_3 和 NaOH 溶液的方式调整，调整范围为 2.0～12.0。混合溶液在 30 ℃下以 150 r/min的速率搅拌 120 min。

在研究吸附剂用量对污染物移除百分比的影响时，水溶液中亚甲基蓝的浓度为 60 mg/L，溶液的 pH 值为 7，吸附时间为 120 min，溶液温度为 30 ℃，活性多孔氮化硼的剂量调整的范围为 10～100 mg，混合溶液以 150 r/min 的速率搅拌 120 min。

在研究活性多孔氮化硼等温吸附曲线时，混合溶液的体积为 250 mL，搅拌速率为 150 r/min，初始浓度为 60 mg/L，pH 值为 7.0，活性多孔氮化硼的剂量调整的范围为 10～100 mg，溶液的温度为 30 ℃，吸附时间为 120 min。

4. 思考题

(1)传统的吸附材料有哪些？

(2)活性氮化硼是怎样被制备出来的？

(3)活性氮化硼的结构特点有哪些？

实验 11　设计和构建用于快速水净化的过滤系统

1. 研究背景

水净化是指从原水中除去污染物的过程。水净化可以去除水中夹杂的沙粒、有机质的悬浮微粒、寄生虫、蓝氏贾第鞭毛虫、隐孢子虫、细菌、藻类、病毒及真菌、矿物（如钙、二氧化硅、镁及一些有毒性的金属如铅、铜及铬）等。

2. 实验目的

（1）制备活性氮化硼过滤吸附柱。

（2）测试活性氮化硼过滤吸附柱对水溶液中亚甲基蓝的过滤吸附能力。

3. 实验内容

1）制备过程

3 g 的活性氮化硼材料被置于一个内径和高分别为 40 mm 和 25 mm 的圆柱形过滤柱中。

2）性能测试过程

为了测试活性氮化硼过滤吸附柱对水溶液中亚甲基蓝染料的穿透曲线，将浓度为 10 mg/L 和流速为 0.25 L/min 的亚甲基蓝水溶液匀速通过活性氮化硼过滤吸附柱。在整个过滤吸附过程中每间隔 5 min 取一次样，测试通过活性氮化硼过滤吸附柱过滤吸附后水溶液中亚甲基蓝染料分子的浓度。

4. 思考题

（1）什么是穿透曲线？

（2）传统家用净水系统有什么特点？

（3）长江水中主要污染成分是什么？

实验 12　纳米 TiO_2 光催化降解亚甲基蓝

1. 实验目的

(1)了解常用处理污水的方法。
(2)熟悉光催化的原理和应用。
(3)熟悉光催化降解水中有机污染物的基本过程。
(4)通过实验,体会光催化技术的可操作性。

2. 实验原理及意义

在一定波长光照条件下,半导体材料发生光生载流子的分离,然后光生电子和空穴再与离子或分子结合生成具有氧化性或还原性的活性自由基,这种活性自由基能将水中有机物大分子降解为二氧化碳或其他小分子有机物以及水,这一反应过程称为光催化。在反应过程中,这种半导体材料也就是光催化剂本身不发生变化。

光催化技术作为一种高效、安全的环境友好型净化技术,对水质量的改善已得到国际学术界的认可。光催化技术也是一种新型纳米环境净化技术,在有光照的条件下,光触媒可持续不断地净化水,消毒杀菌。因为其材料安全环保、不消耗能源、净化环境效率高,被认为是 21 世纪环境净化领域的革命性突破,被誉为当今世界最理想的环境净化技术。

二氧化钛光催化技术可以有效分解污水中有机污染物。效果持久,一次处理可以持续 10 年以上,而且产品的原料二氧化钛可以做食品添加剂使用,对人体安全无害。

3. 实验装置

实验所用装置如图 2-3 所示。

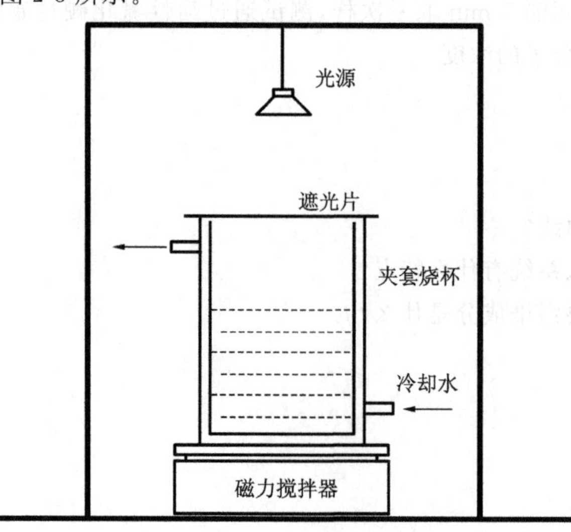

图 2-3　光催化降解有机染料的实验装置示意图

4. 实验内容

实验过程如下：光催化反应采用内部光源法，反应室容积约为 250 mL，光源为 25 W/220 V 紫外光光源，安置于反应体系上方约 10 cm 处。取 TiO_2 光催化剂样品加入到罗丹明 B 有机染料溶液中，在光化学反应器中避光磁力搅拌 5 min 达到吸附-脱附平衡。光照过程中，间隔 20 min取样 7 mL，离心分离，取上层清液用紫外可见分光光度计测量溶液在最大吸收波长 552 nm 处的吸光度，并计算不同时段的降解率。有机物移除率可通过以下公式计算：

$$\text{有机物移除率}(\%)=(A_0-A)/A_0\times100\%$$

式中：A_0 表示暗反应达到吸附-脱附平衡后有机染料吸光度；A 表示光催化降解 t 时间后的有机染料吸光度。

5. 数据记录与处理

计算并比较不同时间段溶液的吸光度，根据溶液的吸光度获得罗丹明 B 的浓度。

6. 注意事项

(1)眼睛不要长时间正对紫外光源，防止损伤眼球；

(2)罗丹明 B 的浓度不要过高，以免影响 TiO_2 纳米颗粒对紫外光的吸收；

(3)实验过程中动作必须尽量轻缓小心，以免搅拌时液体溅出。

7. 思考题

怎样提高光催化效果？

实验 13　溶液吸附法测定固体比表面积

1. 实验目的

(1)熟悉溶液吸附法测定固体比表面积的原理。

(2)熟悉用亚甲基蓝水溶液吸附法测定颗粒活性炭的比表面积的过程。

(3)了解朗格缪尔(Langmuir)单分子层吸附理论及溶液法测定比表面积的基本原理。

2. 实验原理

水溶性染料的吸附已经应用于测定固体的比表面积,在所有的染料中亚甲基蓝具有最大的吸附倾向。研究表明,在一定浓度范围内,大多数固体对亚甲基蓝的吸附是单分子层吸附,符合朗格缪尔吸附理论。

朗格缪尔吸附理论的基本假设:固体表面是均匀的,吸附时单分子层吸附,吸附剂一旦被吸附质覆盖就不能再吸附,在吸附平衡时,吸附和脱附建立动态平衡;吸附平衡前,吸附速率与空白表面积成正比,解吸速率与覆盖度成正比。

设固体表面积的吸附位总数为 N,覆盖度为 Θ,溶液中吸附质的浓度为 c,根据上述假定,有

吸附速率　　$v_{吸}=K_1N(1-\Theta)c$

解吸速率　　$v_{解}=K_{-1}N\Theta$

式中:K_1 为吸附系数;K_{-1}为解吸系数。

当达到动态平衡时　　$K_1N(1-\Theta)c=K_{-1}N\Theta$

由此可得

$$\Theta=\frac{K_1c}{K_1c+K_{-1}}=\frac{Kc}{Kc+1}$$

式中:$K=K_1/K_{-1}$称为吸附平衡常数,其值取决于吸附剂和吸附质的本性及温度,K 值越大,固体对吸附质吸附能力越强。

若以 Γ 表示浓度 c 时的平衡吸附量,以 Γ_∞ 表示全部吸附位被占据的单分子层吸附量,即饱和吸附量,则有

$$\Gamma=\frac{(c_0-c)v}{m},\quad \Theta=\frac{\Gamma}{\Gamma_\infty}$$

代入式 $\Theta=\frac{K_1c}{K_1c+K_{-1}}=\frac{Kc}{Kc+1}$,得

$$\Gamma=\Gamma_\infty\frac{K_{吸}\ c}{1+K_{吸}\ c}$$

重新整理,可得如下形式

$$\frac{c}{\Gamma}=\frac{1}{\Gamma_{\infty}K_{吸}}+\frac{1}{\Gamma_{\infty}}c$$

作 c/Γ-c 图，从其直线斜率可求得 Γ_{∞}，再结合截距便得到 $K_{吸}$。Γ_{∞} 指每克吸附剂饱和吸附吸附质的物质的量，若每个吸附质分子在吸附剂上所占的面积为 σ_A，则吸附剂的比表面积可按下式计算

$$S=\Gamma_{\infty}L\sigma_A$$

式中：S 为吸附剂比表面积；L 为阿伏加德罗常数。

亚甲基蓝具有以下矩形平面结构：

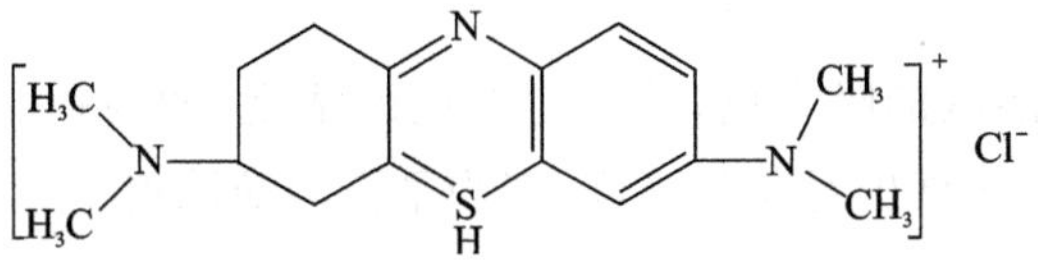

阳离子大小为 $17.0\times7.6\times3.25\times10^{-30}\ m^3$。亚甲基蓝的吸附有三种取向：平面吸附（投影面积为 $135\times10^{-20}\ m^2$），侧面吸附（投影面积为 $75\times10^{-20}\ m^2$），端基吸附（投影面积为 $39\times10^{-20}\ m^2$）。对于非石墨型活性炭，亚甲基蓝以端基吸附取向吸附在活性炭表面，因此 $\sigma_A=39\times10^{-20}\ m^2$。

根据光吸收定律，当入射光为一定波长的单色光时，某溶液的吸光度与溶液中有色物质的浓度及溶液层的厚度成正比。

$$A=\lg(I_0/I)=klc$$

式中：A 为吸光度；I_0 为入射光强度；k 为吸光系数；l 为光径长度或液层厚度；c 为溶液浓度。

亚甲基蓝溶液在可见区有二个吸收峰：445 nm 和 665 nm。但在 445 nm 处活性炭吸附对吸收峰有很大的干扰，故本实验选用的工作波长为 665 nm，并用 722 型分光光度计进行测量。

3. 实验仪器与试剂

722 型分光光度计 1 台，玻璃烧杯（250 mL）5 只，搅拌器 1 台，亚甲基蓝 0.5 g，离心机 1 台，砂芯漏斗 1 个，颗粒状非石墨型活性炭 1 g。

4. 实验步骤

1）样品活化

将颗粒活性炭置于瓷坩埚中放入 500 ℃管式炉活化 1 h，然后置于干燥器中备用。

2）溶液吸附

取 5 只洗净干燥的玻璃烧杯，编号，分别准确称取活化过的活性炭约 0.1 g 置于烧杯中，配制不同浓度的亚甲基蓝溶液（5 mg/L、10 mg/L、20 mg/L、50 mg/L、100 mg/L）100 mL 置于烧杯中，然后搅拌 60 min。样品达到平衡后，离心取上层清液，得到吸附平衡后溶液。

3）选择工作波长

对于亚甲基蓝溶液，工作波长为 665 nm 范围内测量吸光度，以吸光度最大时的波长作

为工作波长。

4)测量吸光度

以蒸馏水为空白溶液,分别测量五个标定溶液、五个平衡溶液以及原始溶液的吸光度。

5. 数据记录与处理

1)求亚甲基蓝原始溶液浓度和各个平衡溶液浓度

通过实验测定原始溶液的吸光度,计算出对应的浓度,即为初始浓度 c_0;通过实验测定各个平衡溶液的吸光度,计算出对应的浓度,即为平衡溶液浓度 c。

2)计算吸附量

有平衡浓度 c 及初始浓度 c_0 数据,按下式计算吸附量 Γ。

$$\Gamma=\frac{(c_0-c)V}{m}$$

式中:V 为吸附溶液的总体积(以 L 表示);m 为加入溶液的吸附剂质量(以 g 表示)。

3)作朗格缪尔吸附等温线

以 Γ 为纵坐标,c 为横坐标,作 Γ 对 c 的吸附等温线。

4)求饱和吸附量

由 Γ 和 c 数据计算 c/Γ 值,然后作 c/Γ-c 图,由图求得饱和吸附量。

5)计算活性炭样品的比表面积

将 Γ_∞ 值代入 $S=\Gamma_\infty L\sigma_A$,可算得活性炭样品的比表面积。

6. 注意事项

(1)实验中,称量过程要规范,减小误差。

(2)测量吸光度时要按从稀到浓的顺序,每个溶液要测 3~4 次,取平均值。

(3)用洗液洗涤比色皿时,接触时间不能超过 2 min,以免损坏比色皿。

7. 思考题

(1)固体在稀溶液中对溶质分子的吸附与固体在气相中对气体分子的吸附有何区别?

(2)根据朗格缪尔理论假定,结合本实验数据,算出各平衡浓度的覆盖度,估算饱和吸附的平衡浓度范围。

(3)溶液产生吸附时,如何判断其达到平衡?

实验 14　偏摩尔体积的测定

1. 实验目的

(1)熟悉偏摩尔体积的测定原理和应用。
(2)配制不同浓度的 NaCl 水溶液,用密度瓶测定各溶液的密度。
(3)计算溶液中各组分的偏摩尔体积。

2. 实验原理

设有二组分 A、B 体系的总体积 V 是 n_A、n_B、温度、压力的函数,即

$$V=f(n_A,n_B,T,P)$$

组分 A、B 的偏摩尔体积定义为

$$V_A=\left(\frac{\partial V}{\partial n_A}\right)_{T,P,n_B},\quad V_B=\left(\frac{\partial V}{\partial n_B}\right)_{T,P,n_A}$$

吉布斯-杜亥姆(Gibbs-Duhem)方程如下:

$$n_A dV_A+n_B dV_B=0$$

在 B 为溶质、A 为溶剂的溶液中,设 V_A^* 为纯溶剂的摩尔体积;$V_{\phi,B}$定义为溶质 B 的表观摩尔体积,则

$$V_{\phi,B}=\frac{V-n_A V_A^*}{n_B}$$

计算得

$$V=n_A V_A^*+n_B V_{\phi,B}$$

b_B 为 B 的质量摩尔浓度($b_B=n_B/(n_A M_A)$);$V_{\phi,B}$为 B 的表观摩尔体积;ρ、ρ_A^* 为溶液及纯溶剂 A 的密度;M_A、M_B 为 A、B 二组分的摩尔质量,可得

$$V_{\phi,B}=\frac{\rho_A^*-\rho}{b_B\rho\rho_A^*}+\frac{M_B}{\rho}$$

根据德拜-休克尔(Debye-Hückel)理论,NaCl 水溶液中 NaCl 的表观偏摩尔体积 $V_{\phi,B}$随$\sqrt{b_B}$变化的关系为

$$V_A=V_A^*-\frac{M_A b_B^{\frac{3}{2}}}{2}\left(\frac{\partial V_{\phi,B}}{\partial\sqrt{b_B}}\right)_{T,P,n_A},\quad V_B=V_{\phi,B}+\frac{\sqrt{b_B}}{2}\left(\frac{\partial V_{\phi,B}}{\partial\sqrt{b_B}}\right)_{T,P,n_A}$$

配制不同浓度的 NaCl 溶液,测定纯溶剂和溶液的密度,求不同 b_B 时的 $V_{\phi,B}$,作 $V_{\phi,B}$-$\sqrt{b_B}$图,可得一直线,从直线求得斜率$\left(\frac{\partial V_{\phi,B}}{\partial\sqrt{b_B}}\right)_{T,P,n_A}$,从而可以计算 V_A、V_B。

3. 实验仪器与试剂

分析天平、恒温槽、真空烘箱、密度管、磨口塞锥形瓶(50 mL)、烧杯(50 mL、250 mL)、洗

耳球、量筒 50 mL、NaCl(A. R.)。

4. 实验步骤

(1)调节恒温槽至设定温度,33 ℃。

(2)配制不同组成的 NaCl 水溶液:用称量法配制质量分数约为 4%、8%、12%和 16%的 NaCl 水溶液,并记录下 NaCl 的质量。

(3)洗净、干燥密度管,在分析天平上称量空密度管(注意带盖)。

(4)将密度管装满去离子水,放入恒温槽内恒温 10 min,擦干密度管外部,在分析天平上再称量。重复本步骤一次。

(5)将已进行步骤(4)操作的密度管用待装溶液涮洗 3 次,再装满 NaCl 水溶液,放入恒温槽内恒温 10 min。擦干密度管外部,在分析天平上称量。重复本步骤一次。

(6)用步骤(5)的方法对其他浓度 NaCl 溶液进行操作。

5. 数据记录与处理

本实验一共记录了 4 组数据,NaCl 的浓度依次增大,将实验数据记录在表 2-2 中。

$$M(\mathrm{NaCl})=58.443\ \mathrm{g/mol}$$

$$M(\mathrm{H_2O})=18.016\ \mathrm{g/mol}$$

在 33 ℃下水的密度为 0.9947308 $\mathrm{g/cm^3}$。

表 2-2　实验数据

序号	1	2	3	4	备注
空锥形瓶质量/g					
加入 NaCl 锥形瓶质量/g					
加入水之后锥形瓶质量/g					
NaCl 的质量/g					
NaCl 的物质的量/mol					
水的质量/g					
水的物质的量/mol					
NaCl 的质量分数					
密度管质量/g					
装水后密度管质量/g					
装溶液后密度管质量/g					
纯水的质量/g					
溶液的质量/g					
水的体积/$\mathrm{m^3}$					

续表

序号	1	2	3	4	备注
$b_B/(\mathrm{mol/kg})$					
$\sqrt{b_B}$					
$b^{1.5}$					
$\rho/(\mathrm{kg/m^3})$					
$V_{\phi,B}/(\mathrm{m^3/mol})$					
$V_A/(\mathrm{m^3/mol})$					
$V_B/(\mathrm{m^3/mol})$					

6. 注意事项

实验中，称量过程要规范，以减小误差。

7. 思考题

(1)偏摩尔体积有可能小于零吗?

(2)在实验中如何减小称量误差?

实验 15　液相反应平衡常数

1. 实验目的

(1)熟悉液相反应平衡常数测定的原理和应用。

(2)掌握一种测定弱电解质电离常数的方法。

(3)掌握分光光度计的测试原理和使用方法。

(4)掌握 pH 计的测试原理和使用方法。

2. 实验原理

根据朗伯特-比尔(Lambert-Beer)定律,溶液对于单色光的吸收,遵守下列关系式:

$$A=\lg\frac{I_0}{I}=klc \tag{1}$$

式中:A 为吸光度;I_0/I 为透光率;k 为摩尔吸光系数,它是溶液的特性常数;l 为被测溶液的厚度;c 为溶液浓度。

在分光光度分析中,将每一种单色光,分别依次通过某一溶液,测定溶液对每一种光波的吸光度,以吸光度 A 对波长 λ 作图,就可以得到该物质的分光光度曲线,或吸收光谱曲线,如图 2-4 所示。由图可以看出,对应于某一波长有一个最大的吸收峰,用这一波长的入射光通过该溶液就有着最佳的灵敏度。

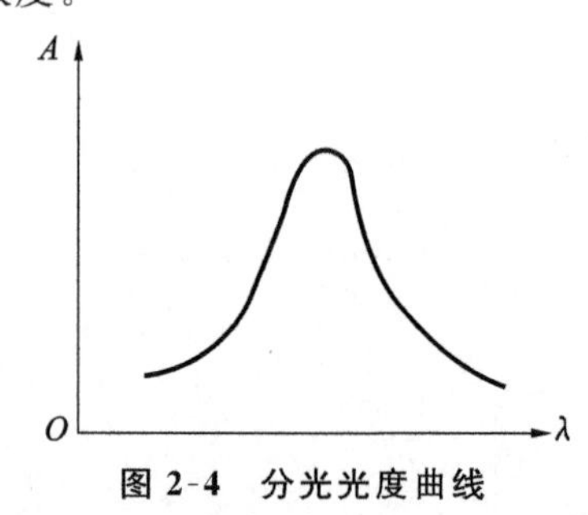

图 2-4　分光光度曲线

从式(1)可以看出,对于固定长度吸收槽,在对应最大吸收峰的波长(λ)下测定不同浓度 c 的吸光度,就可作出线性的 A-c 线,这就是光度法定量分析的基础。

以上讨论的是单组分溶液,对含有两种以上组分的溶液,情况就要复杂一些。

(1)若两种被测定组分的吸收曲线彼此不重合,这种情况就等于分别测定两种单组分溶液。

(2)两种被测定组分的吸收曲线重合,且遵守 Lambert-Beer 定律,则可在两波长 λ_1 及 λ_2 时(λ_1、λ_2 是两种组分单独存在时吸收曲线最大吸收峰波长)测定其总吸光度,然后换算成被测定物质的浓度。

根据 Lambert-Beer 定律,假定吸收槽的长度一定,则

对于单组分 A　$$A_\lambda^A = K_\lambda^A c^A \tag{2}$$

对于单组分 B　$$A_\lambda^B = K_\lambda^B c^B \tag{3}$$

设 $A_{\lambda_1}^{A+B}$、$A_{\lambda_2}^{A+B}$分别代表在 λ_1、λ_2 时混合溶液测得的总吸光度，则

$$A_{\lambda_1}^{A+B} = A_{\lambda_1}^A + A_{\lambda_1}^B = K_{\lambda_1}^A c^A + K_{\lambda_1}^B c^B \tag{4}$$

$$A_{\lambda_2}^{A+B} = A_{\lambda_2}^A + A_{\lambda_2}^B = K_{\lambda_2}^A c^A + K_{\lambda_2}^B c^B \tag{5}$$

式中：$A_{\lambda_1}^A$、$A_{\lambda_2}^A$、$A_{\lambda_1}^B$、$A_{\lambda_2}^B$ 分别代表在 λ_1 及 λ_2 时组分 A 和 B 的吸光度。由式(4)可得：

$$c^B = \frac{A_{\lambda_1}^{A+B} - K_{\lambda_1}^A c^A}{K_{\lambda_1}^B} \tag{6}$$

将式(6)代入式(5)得：

$$c^A = \frac{K_{\lambda_1}^B A_{\lambda_2}^{A+B} - K_{\lambda_2}^B A_{\lambda_1}^{A+B}}{K_{\lambda_2}^A K_{\lambda_1}^B - K_{\lambda_2}^B K_{\lambda_1}^A} \tag{7}$$

这些不同的 K 值均可由纯物质求得，也就是说，在纯物质的最大吸收峰的波长 λ 时，测定吸光度 A 和浓度 c 的关系。如果在该波长处符合 Lambert-Beer 定律，那么 A-c 为直线，直线的斜率为 K 值，$A_{\lambda_1}^{A+B}$、$A_{\lambda_2}^{A+B}$是混合溶液在 λ_1、λ_2 时测得的总吸光度，因此根据式(6)、式(7)即可计算混合溶液中组分 A 和组分 B 的浓度。

(3)若两种被测组分的吸收曲线相互重合，而又不遵守 Lambert-Beer 定律。

(4)混合溶液中含有未知组分的吸收曲线。

(3)与(4)两种情况，由于计算及处理比较复杂，此处不讨论。

本实验是用分光光度法测定弱电解质(甲基红)的电离常数，由于甲基红本身带有颜色，而且在有机溶剂中电离度很小，所以用一般的化学分析法或其他物理化学方法进行测定都有困难，但用分光光度法可不必将其分离，且同时能测定两组分的浓度。甲基红在有机溶剂中形成下列平衡：

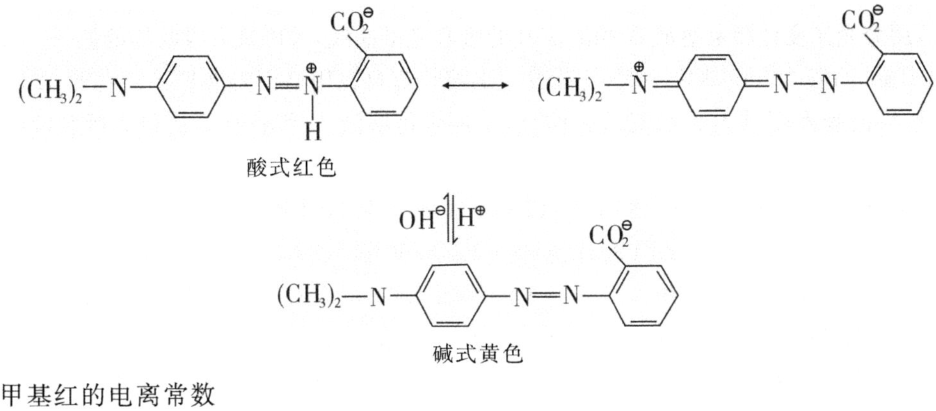

$CO_2^{\ominus}$　$(CH_3)_2—N—C_6H_4—N=\overset{\oplus}{N}(H)—C_6H_4$　⟷　$(CH_3)_2—\overset{\oplus}{N}=C_6H_4=N—N—C_6H_4$　$CO_2^{\ominus}$

酸式红色

$OH^{\ominus}$ ⇌ $H^{\oplus}$

$CO_2^{\ominus}$　$(CH_3)_2—N—C_6H_4—N=N—C_6H_4$

碱式黄色

甲基红的电离常数

$$K = \frac{[H^+][c^B]}{[c^A]}$$

或

$$pK = pH - \lg \frac{[c^B]}{[c^A]} \tag{8}$$

由式(8)可知，只要测定溶液中 B 与 A 的浓度及溶液的 pH 值(由于本体系的吸收曲线属于上述讨论中的第二种类型，因此可用分光光度法通过式(6)、式(7)求出 B 与 A 的浓度)，即可求得甲基红的电离常数。

3. 实验仪器和试剂

紫外-可见分光光度计(Unico2000)1台,PHS-3C型酸度计1台,容量瓶(100 mL)7个,量筒(100 mL)1个,烧杯(100 mL)4个,移液管(25 mL,胖肚)2支,移液管(10 mL,刻度)2支,洗耳球1个。酒精(95%,化学纯),盐酸(0.1 mol/L),盐酸(0.01 mol/L),醋酸钠(0.01 mol/L),醋酸钠(0.04 mol/L),醋酸(0.02 mol/L),甲基红(固体)。

4. 实验内容

1)溶液制备

(1)甲基红溶液。将1 g晶体甲基红加300 mL 95%酒精,用蒸馏水稀释到500 mL(已配制,公用)。

(2)标准溶液。取10 mL上述配好的溶液加50 mL 95%酒精,用蒸馏水稀释到100 mL。

(3)溶液A。将10 mL标准溶液加10 mL 0.1 mol/L HCl,用蒸馏水稀释至100 mL。

(4)溶液B。将10 mL标准溶液加25 mL 0.04 mol/L NaAc,用蒸馏水稀释至100 mL。

溶液A的pH值约为2,甲基红以酸式存在。溶液B的pH值约为8,甲基红以碱式存在。把溶液A、溶液B和空白溶液(蒸馏水)分别放入三个洁净的比色槽内,测定吸收光谱曲线。

2)测定吸收光谱曲线

(1)用分光光度计测定溶液A和溶液B的吸收光谱曲线,求出最大吸收峰的波长。波长从360 nm开始,每隔20 nm测定一次(每改变一次波长都要先用空白溶液校正),直至620 nm为止。由所得的吸光度A与λ绘制A-λ曲线,从而求得溶液A和溶液B的最大吸收峰波长λ_1和λ_2。

(2)求$K_{\lambda_1}^{A}$、$K_{\lambda_2}^{A}$、$K_{\lambda_1}^{B}$、$K_{\lambda_2}^{B}$。将A溶液用0.01 mol/L HCl稀释至开始浓度的0.8倍(取20 mL A溶液用0.01 mol/L HCl稀释至25 mL),0.50倍(取12.5 mL A溶液用0.01 mol/L HCl稀释至25 mL),0.3倍(取7.5 mL A溶液用0.01 mol/L HCl稀释至25 mL)。

将B溶液用0.01 mol/L NaAc稀释至开始浓度的0.8倍(取20 mL B溶液用0.01 mol/L NaAc稀释至25 mL),0.50倍(取12.5 mL B溶液用0.01 mol/L NaAc稀释至25 mL),0.3倍(取7.5 mL B溶液用0.01 mol/L NaAc稀释至25 mL)。并在溶液A、溶液B的最大吸收峰波长λ_1和λ_2处测定上述相对浓度为0.3、0.5、0.8、1.0的各溶液的吸光度。如果在λ_1、λ_2处上述溶液符合Lambert-Beer定律,则可得到四条A-c直线,由此可求出$K_{\lambda_1}^{A}$、$K_{\lambda_2}^{A}$、$K_{\lambda_1}^{B}$、$K_{\lambda_2}^{B}$。

3)测定混合溶液的总吸光度及其pH值

(1)配制四个混合液。

①10 mL标准液+25 mL 0.04 mol/L NaAc+50 mL 0.02 mol/L HAc加蒸馏水稀释

至 100 mL。

②10 mL 标准液＋25 mL 0.04 mol/L NaAc＋25 mL 0.02 mol/L HAc 加蒸馏水稀释至 100 mL。

③10 mL 标准液＋25 mL 0.04 mol/L NaAc＋10 mL 0.02 mol/L HAc 加蒸馏水稀释至 100 mL。

④10 mL 标准液＋25 mL 0.04 mol/L NaAc＋5 mL 0.02 mol/L HAc 加蒸馏水稀释至 100 mL。

(2)用λ_1、λ_2的波长测定上述四个溶液的总吸光度。

(3)测定上述四种溶液的 pH 值。

5. 数据记录与处理

(1)画出溶液 A、溶液 B 的吸收光谱曲线，并由曲线求出最大吸收峰的波长 λ_1、λ_2。

(2)在波长为 λ_1、λ_2 时分别测得溶液 A、溶液 B 的浓度与吸光度值作图，得四条 A-c 直线。求出四个摩尔吸光系数 $K_{\lambda_1}^{A}$、$K_{\lambda_2}^{A}$、$K_{\lambda_1}^{B}$、$K_{\lambda_2}^{B}$。

(3)由混合溶液的总吸光度，根据(6)、(7)两式，求出混合溶液中 A、B 的浓度。

(4)求出各混合溶液中甲基红的电离常数。

6. 注意事项

(1)使用分光光度计时，为了延长光电管的寿命，在不进行测定时，应将暗室盖子打开。仪器连续使用时间不应超过 2 h，如使用时间长，则中途需间歇 0.5 h 再使用。

(2)比色槽经过校正后，不能随意与另一套比色槽个别交换，否则将引起误差。

(3)pH 计应在接通电源 20～30 min 后进行测定。

(4)本实验 pH 计使用的复合电极，在使用前需在 3 mol/L KCl 溶液中浸泡一昼夜。复合电极的玻璃电极玻璃很薄，容易破碎，切不可与任何硬东西相碰。

7. 思考题

(1)制备溶液时，所用的 HCl、HAc、NaAc 溶液各起什么作用?

(2)用分光光度法进行测定时，为什么要用空白溶液校正零点? 理论上应该用什么溶液校正? 在本实验中用的什么? 为什么?

实验 16　压制钛酸钡铁电陶瓷片

1. 实验目的

(1)掌握压制钛酸钡铁电陶瓷片的方法。

(2)掌握钛酸钡铁电陶瓷片的烧结方法。

2. 实验原理

粉末压片机是一种小型、花篮式连续自动压片机。它是药品、化工、食品、电子等工业部门处理颗粒状原料压成片或冲剂的必需设备之一。它适用于实验室、医院等部门压制药片、触媒、咖啡片、粉末冶金、电子元件和各种农业化肥片剂等。它可压制各种异型、环形片剂,并可压制双面刻有商标、文字及简单图形的片剂。

压片机结构如图 2-5 所示。

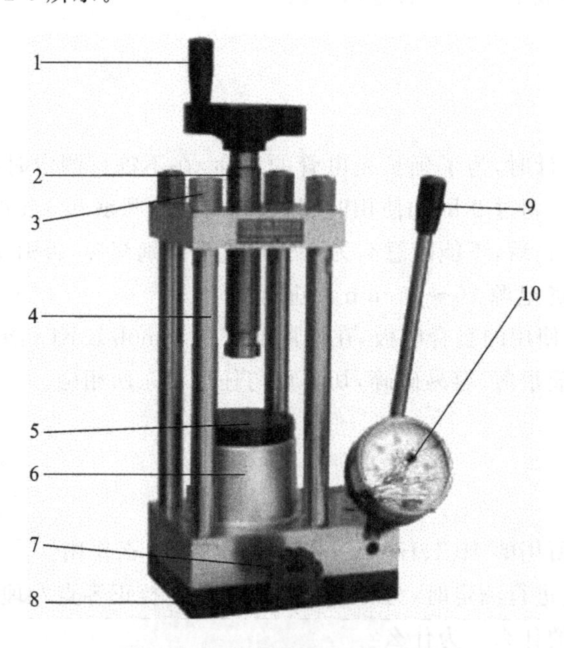

图 2-5　压片机的结构和外观图

1—手轮;2—丝杠;3—固定螺母;4—立柱;5—工作台;
6—活塞;7—放油阀;8—油池;9—手动压把;10—压力表

3. 实验仪器和试剂

粉末压片机,模具,电子天平,称量纸,不锈钢样品勺,镊子,钛酸钡前期粉体。

4. 实验内容和流程

(1)称量样品 0.5 g。

(2)将样品装入模具。

(3)将模具装入压片机正中间,降下手轮,将模具压紧。

(4)关闭放油阀,使用手动压把将压力增加到 10 MPa,停留 5 min。

(5)打开放油阀,升起手轮,将模具取出。

(6)打开模具底座,将底座反扣在模具下方,再放入压片机,降下手轮,手动施压,将陶瓷片取出。如果手动施压不够,需再次关闭放油阀,使用手动压把加压,将陶瓷片压出。

(7)将陶瓷片放入高温炉,1000 ℃烧结 6 h。

5. 注意事项

(1)压片机使用过程中,不可将手放在压片机下,防止受伤。

(2)取出陶瓷片的过程中,很有可能导致陶瓷片破损,因此动作一定要轻。

6. 思考题

(1)0.5 g 的样品得到的陶瓷片厚度是多少?

(2)计算粉体密度,并估算如果要得到 2 mm 和 0.5 mm 的陶瓷片所需要的样品质量。

实验 17　溶胶-凝胶法制备钛酸钡纳米粉体前驱体

1. 实验目的

掌握一种制备铁电纳米粉体前驱体的方法。

2. 实验原理

以柠檬酸、钛酸丁酯和碳酸钡为原料，乙二醇和水为溶剂，采用溶胶-凝胶法制备钛酸钡粉体。

钛离子和钡离子溶解在溶液中后会发生中和反应，经聚合生成 $Ba^{2+}Ti(OH)_6^{2-}$ 络离子。$Ba^{2+}Ti(OH)_6^{2-}$ 络离子被溶剂生成的有机物长链分割包围着，在随后的干凝胶煅烧过程中，有机物长链分解，使 $Ba^{2+}Ti(OH)_6^{2-}$ 络离子在高温下分解，制得纳米粉体。

3. 实验仪器和试剂

电子天平，磁力搅拌器，量筒(100 mL)1 个，烧杯(500 mL)1 个，烧杯(50 mL)1 只，pH 试纸，玻璃棒一个，洗瓶(500 mL)一个，一次性滴管一个，研钵，碳酸钡($BaCO_3$)、乙二醇、氨水、分析纯的钛酸四丁酯($Ti(OC_4H_9)_4$)、柠檬酸($C_6H_8O_7$)，去离子水。

4. 实验内容

1)称量样品

$BaTiO_3$ 按照 0.01 mol 的量来称取，$BaCO_3$ 的摩尔质量为

$$M(BaCO_3)=197.35\ g/mol$$

0.01 mol 对应的质量为

$$m(BaCO_3)=1.9735\ g$$

$C_6H_{12}O_6$ 的摩尔质量为

$$M(C_6H_{12}O_6)=210.14\ g/mol$$

0.03 mol 对应的质量为

$$m(C_6H_{12}O_6)=6.3042\ g$$

$Ti(C_4H_9O)_4$ 的摩尔质量为

$$M(Ti(OC_4H_9)_4)=340.06\ g/mol$$

0.01 mol 对应的质量为

$$m(Ti(OC_4H_9)_4)=3.4006\ g$$

2)溶解样品

(1)将柠檬酸平均分为两份,分别溶于 15 mL 去离子水中。

(2)在超声波分散下,不停搅拌,将钛酸四丁酯溶于柠檬酸的水溶液中得到溶液 A。

(3)在微弱加热的条件下,将碳酸钡溶于另一份柠檬酸的水溶液中得到溶液 B。

(4)将 A、B 溶液混合得到透明澄清的溶液。

3)调节 pH 值

用一次性滴管滴加浓氨水调节 pH 值至 5～6。

4)调节溶液浓度

加入 5 mL 乙二醇调节溶液浓度。

5)预处理排胶

将得到的湿凝胶在 120～150 ℃下干燥 12 h,使有机溶剂挥发,得到干凝胶。

6)制作前期粉体

将所得的干凝胶研磨成干凝胶粉,在 500 ℃预烧 6 h,排除干凝胶粉中的有机物,得到前期粉体。

5. 注意事项

(1)氨水有浓烈的气味,并且有强腐蚀性,使用时要戴上手套和口罩,注意安全。

(2)测 pH 值时应该将 pH 试纸远离氨水。

(3)柠檬酸溶液不是食用级别,不可食用。

6. 思考题

(1)制备溶液时,所用的柠檬酸、乙二醇各起什么作用?

(2)为什么溶解钛酸四丁酯时要超声分散且不停搅拌,而溶解碳酸钡时只能加热而不能超声分散?

实验 18　水浴法制备铜纳米线

1. 实验目的

(1)了解水浴法制备铜纳米线的原理与方法；

(2)加深在水浴法中对影响纳米线形貌因素的认识；

(3)初步了解铜纳米线使用领域和基本用途。

2. 实验原料

硫酸铜，NaOH，乙二胺，水合肼，去离子水，无水乙醇。

3. 实验仪器

磁力搅拌器，水浴加热器，抽滤装置。

4. 实验原理

水浴法制备铜纳米线是利用乙二胺作溶剂，利用水合肼的还原性，将硝酸铜里面的铜离子还原成铜单质，并且通过溶剂比例和温度的调节，控制铜晶体定向生长成一维纳米结构。

反应方程式：

$$2Cu^{2+}+N_2H_4+4OH^- \longrightarrow 2Cu+N_2+4H_2O$$

5. 实验步骤

实验反应如图 2-6 所示，具体步骤如下。

(1)将 30 mL 的 NaOH(7 mol/L)和 1.0 mL 的 $Cu(NO_3)_2$(0.10 mol/L)水溶液加入烧瓶中(50 mL 烧瓶)；

(2)随后加入 0.5 mL 乙二胺 25 μL 和水合肼(质量分数为 35%)搅拌反应；

(3)反应溶液随后放入 60℃水浴加热装置中静置 2 h；

(4)红色絮状物质会漂浮在溶液表层，经过抽滤后，再经过去离子水反复清洗，最后把铜纳米线分散在低浓度的水合肼溶液中保存，防止氧化。

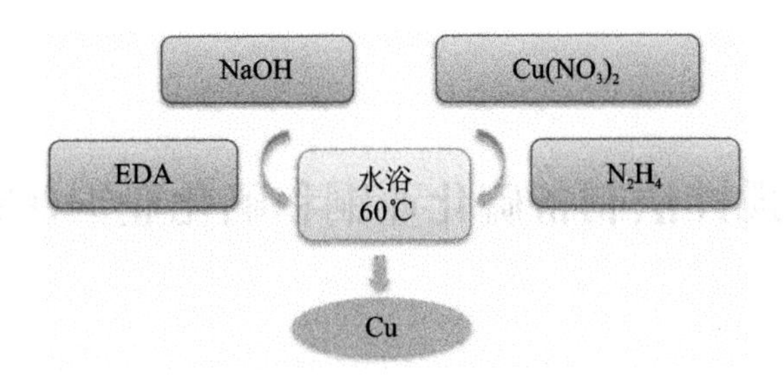

图 2-6　实验反应示意图

6. 思考题

(1)分析可能影响铜纳米线形貌的因素。

(2)为什么在反应过程中要加入氢氧化钠?

实验 19　室温搅拌法制备硫化亚铜和硒化亚铜($Cu_{2-x}S/Cu_{2-x}Se$)

1. 实验目的

(1)了解室温搅拌法制备铜基硫族化合物的原理与方法。
(2)加深在室温搅拌法中对影响材料结晶度和形貌因素的认识。
(3)初步了解硫化亚铜和硒化亚铜的使用领域和基本用途。

2. 实验原料

Cu 粉、S 粉、Se 粉、巯基乙醇、NaOH、去离子水、无水乙醇。

3. 实验仪器

磁力搅拌器,抽滤装置,烘干机。

4. 实验原理

室温搅拌法是室温条件下大量合成 $Cu_{2-x}S/Cu_{2-x}Se$ 化合结构的一种简易通用的方法,此方法利用巯基乙醇中的巯基(—SH)和 NaOH 的离解过程,催化铜和硫或者硒进行化合结晶。合成的材料经过高温热压处理以后形成的块体能够在热电转化器件上应用。

反应方程式:

$$3S/Se+6NaOH \longrightarrow 2Na_2S/Na_2Se+Na_2SO_3/Na_2SeO_3+3H_2O$$

$$Cu(NO_3)_2+Na_2S/Na_2Se \longrightarrow CuS/CuSe+2NaNO_3$$

$$Cu(NO_3)_2+Na_2SO_3/Na_2SeO_3 \longrightarrow CuSO_3/CuSeO_3+2NaNO_3$$

$$2Cu(NO_3)_2+2Na_2S/Na_2Se \longrightarrow Cu_2S/Cu_2Se+Se+4NaNO_3$$

5. 实验步骤

实验示意图如图 2-7 所示,具体步骤如下。

(1)0.06 mol 的铜粉、0.18 mol 的巯基乙醇、1 mL 7 mol/L 的氢氧化钠和 100 mL 的无

水乙醇按顺序加入 250 mL 的圆底烧瓶中，室温搅拌 5 min。

(2)加入 0.03 mol 硫粉或者硒粉继续搅拌，当硒粉加入后，可以看到混合溶液逐渐变成黑棕色悬浊液，反应进行 24 h 后停止。

(3)黑棕色悬浊液经过抽滤后，再经过去离子水反复清洗，最后用无水乙醇清洗后，室温干燥得后到黑色 $Cu_{2-x}S$ 或者 $Cu_{2-x}Se$ 粉末。

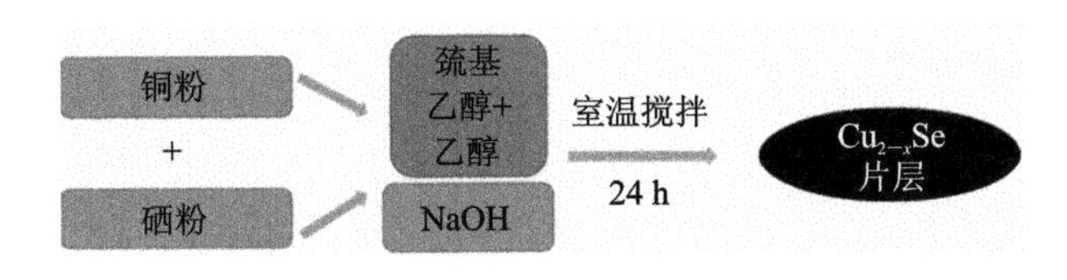

图 2-7　制备硒化亚铜化合物示意图

6. 思考题

(1)分析可能影响 $Cu_{2-x}S/Cu_{2-x}Se$ 化合物结晶度的因素。

(2)为什么在反应过程中要加入氢氧化钠？

第三章
材料的光学及电学性质表征实验

实验1 紫外-可见光光谱原理与表征

1. 实验目的

(1)了解紫外-可见光光谱的原理。

(2)测试并分析样品的紫外-可见光光谱。

2. 实验仪器

UV-2600型紫外-可见光吸收光谱仪。

3. 实验原理

紫外-可见光吸收光谱是物质在紫外、可见光辐射作用下分子外层电子在电子能级间跃迁而产生的,故又称电子光谱。由于分子振动能级跃迁与转动能级跃迁所需能量远小于分子电子能级跃迁所需能量,故在电子能级跃迁的同时伴有振动能级与转动能级的跃迁,即电子能级跃迁产生的紫外、可见光谱中包含有振动能级与转动能级跃迁产生的谱线,也即分子的紫外、可见光光谱是由谱线非常接近甚至重叠的吸收带组成的带状光谱。对于半导体纳米材料,当粒子半径小于或等于α_B(激子波尔半径)时,会出现激子光吸收带。相对常规块体材料,纳米材料的光吸收带往往会出现蓝移或红移现象。

4. 仪器材料

仪器:岛津紫外-可见光光谱仪。

试剂:罗丹明B。配制罗丹明B的样品为30 mg/mL、20 mg/mL、10 mg/mL、5 mg/mL试样各一份。

5. 实验要求和内容

(1)测试样品的紫外-可见光谱;

(2)分析紫外-可见光谱的吸收峰,计算出样品的光学带隙大小;

(3)比较同种样品和不同样品浓度下的紫外-可见光光谱的区别。

6. 实验步骤

(1)打开仪器电源,预热大约10 min。

(2)将两个石英样品池用溶剂清洗，然后分别加入溶剂做基线扫描。

(3)将样品测试池中的溶剂倒掉，加入待测试的样品，点击开始扫描样品，获得我们需要的紫外-可见光吸收光谱，并对光谱做相应的分析。

7. 思考题

影响样品的紫外-可见光光谱的因素有哪些？

实验 2　荧光光谱的原理及其表征

1. 实验目的

(1)掌握荧光光谱仪的基本原理及使用。
(2)了解荧光光谱仪的构造和各组成部分的作用。
(3)掌握荧光光谱仪测定物质的特征荧光光谱的方法。

2. 实验试剂

试剂:罗丹明 B、2-萘酚、碘化-3,3′-二乙基氧杂二羰花青,浓度分别为 40 mg/mL、30 mg/mL、20 mg/mL、10 mg/mL,以及未知浓度试样一份。

3. 实验仪器

实验采用 HORIBA Fluoromax-4 荧光光谱仪(见图 3-1),包括四个部分,即激发光源、样品池、双单色器系统、检测器。特点是有两个单色器,光源与检测器通常成直角。

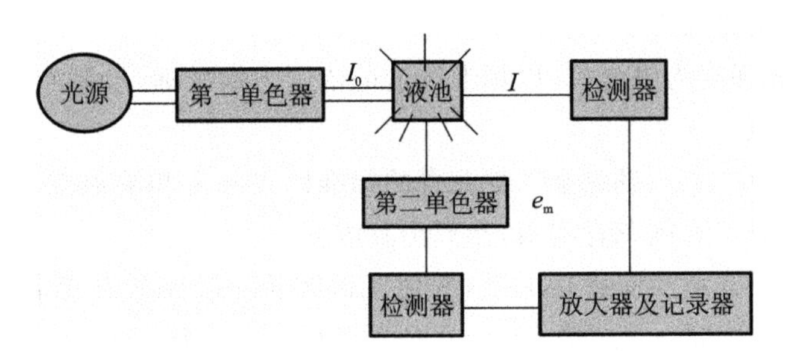

图 3-1　分子荧光分析仪原理示意图

单色器系统:选择激发光波长的第一单色器和选择发射光(测量)波长的第二单色器。
激发光源:氙灯、高压汞灯、激光器(可见与紫外区)。
检测器:光电倍增管。

4. 实验原理

具有不饱和基团的基态分子或常见的共轭分子等经一定波长的光辐照后,价电子产生跃迁,当电子从第一激发单重态 S_1 的最低振动能级回到基态 S_0 各振动能级时产生光辐射。

激发光谱指发光的某一谱线或谱带的强度随激发光波长(或频率)变化的曲线。横坐标为激发光波长,纵坐标为发光相对强度。激发光谱反映不同波长的光激发材料产生光的效果。即表示发光的某一谱线或谱带可以被什么波长的光激发、激发的强度是高还是低；同样也可以表示不同波长的光激发材料时，导致材料发出某一波长光的效率。

获得激发光谱的方法：先把第二单色器的波长固定，使测定的发射波长 e_m 不变，改变第一单色器波长，让不同波长的光照在荧光物质上，测定它的荧光强度，以荧光强度 I 为纵坐标，激发波长 e_x 为横坐标所得图谱即荧光物质的激发光谱，从曲线上找出 e_x，实际上要选波长较长的高波长峰。

发射光谱是指发光的能量按波长或频率的分布。通常实验测量的是发光的相对能量。发射光谱中，横坐标为波长（或频率），纵坐标为发光相对强度。发射光谱常分为带谱和线谱，有时也会出现既有带谱又有线谱的情况。发射光谱的获得方法：先把第一单色器的波长固定，使激发波长 e_x 不变，改变第二单色器波长，让不同波长的光扫描，测定它的发光强度，以 I 为纵坐标、e_m 为横坐标所得图谱即为荧光物质的发射光谱，从曲线上找出最大的 e_m。

5. 实验步骤

（1）按照实验原理中的方法分别扫描得到罗丹明 B、2-萘酚和碘化-3，3′-二乙基氧杂二羰花青（选取最高浓度的标准样品）的分子荧光光谱，确定三者各自的激发波长 e_x 和发射波长 e_m。扫描确定未知溶液的 e_x 和 e_m，根据图谱形状和激发、发射最大波长等信息确定未知溶液的物质种类。

（2）在选定的激发波长 e_x 和发射波长 e_m 下，测定不同浓度碘化-3，3′-二乙基氧杂二羰花青标准溶液的相对荧光强度。

（3）以相对荧光强度为纵坐标，以标准溶液的浓度为横坐标，绘制碘化-3，3′-二乙基氧杂二羰花青的标准曲线。

（4）依据碘化-3，3′-二乙基氧杂二羰花青的标准曲线和未知溶液在 e_x 和 e_m 的相对荧光强度（由步骤（1）已确定为羰花青溶液）推算出其浓度。

发射光谱与激发光谱没有直接关系，发射光谱波长一般比激发光谱波长要长。从荧光光谱上可得出罗丹明 B 的 $e_{m(max)}$ 为 566 nm，2-萘酚的 $e_{m(max)}$ 为 368 nm。由于具有共轭体系的芳环或杂环化合物，导致电子共轭程度越大，越易产生荧光；环越多，共轭程度越大，产生荧光波长越长，发射的荧光强度越强。分析两种物质分子结构（见图 3-2、图 3-3）可知，罗丹明 B 共轭程度更大，因此荧光波长更长，与实验值相符合。

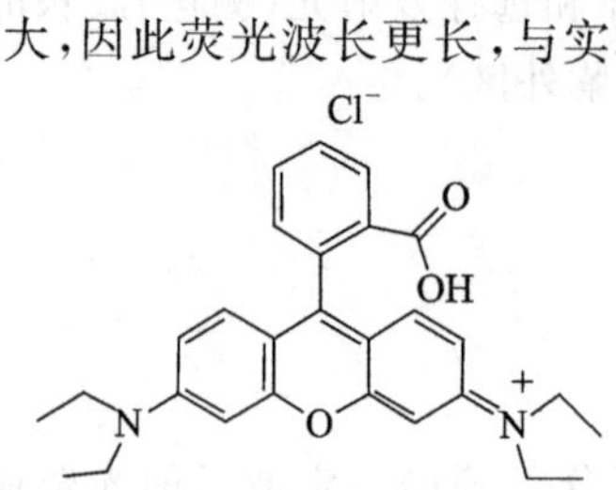

Cl^- O OH N O $\overset{+}{N}$

图 3-2　罗丹明 B 分子结构

OH

图 3-3　2-萘酚分子结构

6. 思考题

(1)能否通过荧光光谱来计算出荧光分子的带隙?

(2)荧光分子的结构刚度对荧光光谱的峰位置是否有影响,规律是什么?

实验3　高效液相色谱的原理和对富勒烯材料的分离

1. 实验目的

(1)了解高效液相色谱仪和二极管阵列检测器(DAD)的测量原理、使用范围和使用方法。

(2)掌握高效液相色谱含量的测定方法。

2. 实验原料

分析纯甲苯,有机相和水相滤膜,高纯富勒烯样品。

3. 实验仪器

高效液相色谱仪(配DAD检测器),BP富勒烯分离柱,容量瓶。

4. 实验原理

高效液相色谱分离是利用试样中各组分在色谱柱中的淋洗液和固定相间的分配系数不同,当试样随着流动相进入色谱柱中后,组分就在其中的两相间进行反复多次($10^3\sim10^6$)的分配(吸附—脱附—放出)。由于固定相对各种组分的吸附能力不同(即保存作用不同),因此各组分在色谱柱中的运行速度就不同,经过一定的柱长后,便彼此分离,顺序离开色谱柱进入检测器,产生的离子流信号经放大后,在记录器上描绘出各组分的色谱峰。

5. 实验内容

(1)色谱条件:色谱柱(BP),流动相,甲苯,检测波长为330 nm,流速为1 mL/min,柱温为25 ℃。

(2)进样溶液的配制:将电弧放电法制备的炭灰溶解在甲苯中,超声半小时,然后过滤,置于25 mL容量瓶中。

(3)样品的配制:准确称取一定量的富勒烯样品(精确至0.0001 g),置于25 mL容量瓶中,用流动相稀释、定容,配制成样品。

(4)定性、定量方法:保留时间定性;峰高、峰面积定量(归一法、外标法、内标法、标准加入法)。

(5)方法可行性的验证:联用技术进一步定性;准确度(添加回收率实验)、精密度实验。

(6)线性相关性测定:配制6个不同浓度标准品溶液,分别进样分析,以浓度为纵坐标,峰面积为横坐标作图，检测方法的线性范围和相关性。

（7）方法的精密度：在要求的色谱条件下，对同一样品分别称取 4 个样进行定量分析，计算含量、变异系数以及标准偏差。

（8）方法的准确度：采用标准添加法，在已知含量的样品中滴加一定量标准溶液，在要求的色谱条件下测定检测方法对农药的检测回收率。

6. 实验步骤

（1）开机，启动装置，进入 Windows 2000；开启高效液相色谱仪，点击“Instrumental On-line”图标，进入仪器控制面板，设置所需各项参数。

（2）设置分析用流动相清洗流路，色谱柱、系统平衡，基线稳定后，开始进样分析。

（3）分析结束，数据处理，打印报告。

（4）关闭柱温箱和检测器，冲洗色谱柱，关闭脱气机、泵，关闭整个装置。

（5）关闭总电源。

（6）在记录本上记录使用情况。实验中所有测量数据都要随时记在专用的记录本上，不可记在其他任何地方，记录的数据不得随意进行涂改；其平行实验数据之间的相对标准偏差（RSD）一般不应大于 5%；实验结果的误差应不超过±2%。

7. 思考题

（1）高效液相色谱仪的工作原理是什么？其分离操作技巧有哪些？

（2）怎样通过保留时间推测富勒烯样品的类型？

实验4　LabVIEW 编程环境与基本操作实验

1. 实验目的

（1）了解 LabVIEW 的编程环境。

（2）掌握 LabVIEW 的基本操作方法，并编制简单的程序。

2. 实验设备

安装有 LabVIEW 的计算机。

3. 实验步骤

（1）运行 LabVIEW，进入 LabVIEW 的编程环境。

（2）前面板的设计。前面板是用户界面，由输入、输出控制和显示三部分组成。控制器是用户输入数据到程序的部件，而显示器显示程序产生的数值。控制器和显示器有许多种类，可以从控制选板的各个子选板中选取。

（3）程序框图的设计。程序框图是图形化的源代码，是虚拟仪器测试功能软件的图形化表述。程序框图由节点、端口和连线组成。LabVIEW 8.2 的函数选板中，提供了大量的功能函数，可用 LabVIEW 的工具，在各个函数子选板中取用所需的函数，排列到程序窗口的合适位置。

（4）数据流编程。数据流编程就是连线操作，程序框图中对象的数据传输通过连线实现。可利用工具选板中的连线工具连接输入控件端口、显示控件端口及函数的接线端，实现数据流编程。

（5）调试虚拟仪器。可利用 LabVIEW 提供的调试环境对设计的虚拟仪表盘（virtual instruments，VI）进行调试、运行。LabVIEW 提供了单步执行、断点、运行、探针工具等调试方法。

（6）保存文件。将设计好的 VI 命名并保存为 VI 文件。

4. 思考题

（1）如何使用 LabVIEW 计算含有加减乘除的算式？

（2）如何使用 LabVIEW 对数值大小进行比较？

（3）整数和非整数的输入方法有何区别？

实验5　X-射线衍射实验

1. 实验目的

(1)了解X射线衍射仪的结构。

(2)熟悉X射线衍射仪的工作原理。

(3)掌握X射线衍射仪的基本操作。

2. 实验原理

X射线是原子内层电子在高速运动电子的轰击下跃迁而产生的光辐射,主要有连续X射线和特征X射线两种。晶体可被用作X光的光栅,晶体中很大数目的原子或离子/分子所产生的相干散射将会发生光的干涉作用,从而使散射的X射线的强度增强或减弱。大量原子散射波的叠加,互相干涉而产生最大强度的光束称为X射线的衍射线。

布拉格公式 $2d\sin\theta=\lambda$ 的应用如下:应用已知波长的X射线来测量 θ 角,从而计算出晶面间距 d,用于X射线结构分析;应用已知 d 的晶体来测量 θ 角,从而计算出特征X射线的波长,进而可在已有资料中查出试样中所含的元素。

3. 仪器组成

X射线衍射仪的基本构造如图3-4所示,主要部件包括4部分。

(1)高稳定度X射线源。该部件提供测量所需的X射线,改变X射线管阳极靶材质可改变X射线的波长,调节阳极电压可控制X射线源的强度。

(2)样品及样品位置取向的调整机构系统。样品须是单晶、粉末、多晶或微晶的固体块。

(3)射线检测器。射线检测器检测衍射强度和衍射方向,通过仪器测量记录系统或计算机处理系统可以得到多晶衍射图谱数据。

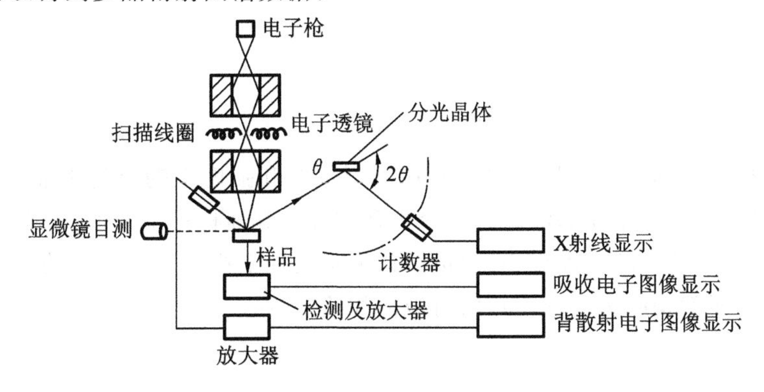

图3-4　X射线衍射仪

(4)衍射图的处理分析系统。X射线衍射仪附带安装有专用衍射图处理分析软件的计算机系统,它们的特点是自动化和智能化。

4. 实验步骤

(1)开启循环水系统:将循环水系统上的钥匙拧向竖直方向,打开循环水上的控制器开关,此时界面会显示流量。调节水压使超过0.3 MPa,如果水压小于0.3 MPa,高压将不能开启。

(2)室内湿度40%~70%之间才可以开机,水温保持20~25 ℃为正常状态,如果低于15 ℃,则需要开空调制热直到达到15 ℃以上。

(3)开启主机电源:打开空气开关,打开仪器内部的照明灯。

(4)关好试样测试室的门。

(5)试样制备:根据样品的量选择相应的试样板,粉体或者颗粒都应尽量使工作面平整。

(6)打开设备门,放入样品,把门合上,应合紧,否则会提示“Enclosure (doors) not closed”的错误。

(7)点击桌面上的PCXRD软件。

(8)点击菜单display的下拉菜单setup,此时,计算机上显示灯若为绿色时说明门处在关好状态,如果为红色,则表示门未关好,需进行校准复位操作。

(9)点击XG-Control,看所有项目为绿色则表示电压、电流、水都正常。

(10)点击“Right Gonio Condition”,设置测试条件,设置完成点击“OK”,再设置保存路径和文件名,然后点击“Close”,再点击“Append”。

(11)点击“Right Gonio Analysis”,点击Start开始测试。

(12)测试结束后,主机上黄灯灭,表示X射线停止工作,重复前面的校准操作,将机械手臂复位。从计算机上用光盘刻录数据,关闭电脑,半小时后关闭循环水系统。如果下次测试时间间隔不超过20 h,就不关主机和循环水。

5. 记录实验结果

记录TiO_2的X射线衍射图谱。

6. 实验分析

样品所获峰与所选标准卡片主要的峰在出现位置和强度上吻合得都非常好,只有样品的第一个峰不吻合,当选用能够满足第一峰出现位置的其他标准卡片时,都会带来明显的样品没有的峰,又因为该峰的强度很小,故可以认为是某种干扰或杂质带来的,可以确定,样品中的绝大多数物质就是所选标准卡片所对应的物质。

7. 思考题

(1)怎样理解半高宽、积分半高宽?

(2)解释:晶体和非晶体;衍射现象。

(3)粉晶 X 射线衍射原理是什么?

(4)连续谱的概念及其产生机理是什么? 特征谱的概念及其产生机理是什么?

参考文献

[1] 高延敏. 材料化学[M]. 南京:江苏大学出版社,2012.

[2] 周静. 材料物理、材料化学专业实验创新研究[J]. 实验科学与技术,2006.4(3):48-50.

[3] 刘建平,郑玉斌. 高分子科学与材料工程实验[M]. 北京:化学工业出版社,2005.

[4] 姜淑敏. 化学实验基本操作技术[M]. 北京:化学工业出版社,2008.

[5] 姜璋,索陇宁. 化学实验技术(上册)[M]. 北京:中国石化出版社,2013.

[6] 赵华友. 简论化学实验的安全操作[J]. 中国安全生产科学技术,1997(5):48-49.

[7] 万春荣. 先进电池与材料化学[J]. 电池,2001.31(2):51-53.

[8] 洪庆红. 有机化学实验操作技术[M]. 北京:化学工业出版社,2009.

[9] 刘培生,黄林国. 多孔金属材料制备方法[J]. 功能材料,2002.33(1):5-8.

[10] 张汝冰,刘宏英,李凤生. 复合纳米材料制备研究(Ⅱ)[J]. 火炸药学报,2000.23(1):59-61.

[11] 胡昌义,李靖华. 化学气相沉积技术与材料制备[J]. 稀有金属,2001.25(5):364-368.

[12] 段学臣,曾真诚,高桂兰. 纳米材料制备方法和展望[J]. 稀有金属与硬质合金,2001(4):49-52.

[13] 王世敏. 纳米材料制备技术[M]. 北京:中国轻工业出版社,2002.

[14] (英)GAPONEKO S V. 半导体纳米晶体的光学性质[M]. 马锡英,译. 兰州:兰州大学出版社,2003.

[15] 祁学孟. 非晶态光电功能材料[M]. 北京:国防工业出版社,2012.

[16] 杨柏,吕长利,沈家骢. 高性能聚合物光学材料[M]. 北京:化学工业出版社,2005.

[17] 徐叙瑢. 光电材料与显示技术[M]. 台北:五南图书出版股份有限公司,2004.

[18] (英)WOOD R M. 光学材料的激光诱导损伤[M]. 成都:西南交通大学出版社,2011.

[19] 国华. 光学材料国际标准化新动向[J]. 标准科学,2008(10):43.

[20] 崔建英. 光学机械基础:光学材料及其加工工艺[M]. 北京:清华大学出版社,2014.

[21] 吴锦雷. 纳米光电薄膜材料[M]. 北京:北京大学出版社,2011.